广东始兴南山

野生动物

李荣生　邱焕运　张　蒙　丁向运 ◎ 主编

中国林业出版社
China Forestry Publishing House

图书在版编目（CIP）数据

广东始兴南山野生动物 / 李荣生等主编. -- 北京：中国林业出版社，2022.12
ISBN 978-7-5219-2023-9

Ⅰ．①广… Ⅱ．①李… Ⅲ．①自然保护区—野生动物—广东—图集 Ⅳ．① Q958.526.5-64

中国版本图书馆 CIP 数据核字 (2022) 第 248650 号

责任编辑　张健　于界芬

出版发行　中国林业出版社（100009，北京市西城区刘海胡同 7 号，电话 83223120）
电子邮箱　cfphzbs@163.com
网　　址　www.forestry.gov.cn/lycb.html
印　　刷　北京博海升彩色印刷有限公司
版　　次　2022 年 12 月第 1 版
印　　次　2022 年 12 月第 1 次印刷
开　　本　889mm×1194mm　1/16
印　　张　16.5
字　　数　335 千字
定　　价　180.00 元

广东始兴南山野生动物

编委会

主　　编　李荣生　邱焕运　张　蒙　丁向运

副 主 编　肖家亮　吴健梅　魏懿鑫　钟慧聪

编写人员　丁向运　韦嘉怡　邓焕然　邓　斌　叶友谊　朱韦光
　　　　　庄礼凤　刘全生　刘志荣　李春红　李荣生　李绮恒
　　　　　肖家亮　肖辉跃　吴林芳　吴健梅　邱焕运　何向阳
　　　　　张　冉　张礼标　张　晨　张　蒙　张新旺　陈接磷
　　　　　卓书斌　赵肖婷　钟慧聪　袁道欢　黄伟艺　黄萧洒
　　　　　黄　毅　覃庆坤　曾　婕　薛昕欣　戴石昌　戴红文
　　　　　魏　莱　魏懿鑫

前 言 ● PREFACE

广东始兴南山省级自然保护区（以下简称南山保护区）位于粤赣交界处始兴县西部，地理坐标为北纬 24° 49′ 37″ ~ 24° 56′ 25″，东经 113° 53′ 58″ ~ 114° 01′ 29″，总面积为 7113 hm²。南山保护区具典型的亚热带山地气候特点，植被类型以中亚热带常绿阔叶林为主，独特的地理位置和优渥的自然条件，使其生物多样性丰富，为野生动物提供了极佳的栖息地。

2004 年由中山大学陈桂珠教授、常弘教授和广州大学缪绅裕教授等专家组成的科学考察队在南山保护区开展了第一次科学考察工作；2021—2022 年由广州林芳生态科技有限公司开展了第二次科学考察工作；2020—2022 年保护区持续开展了 3 年的全域化红外相机网格化监测野生动物工作；野外调查组先后开展了二十余次野外调查，调查足迹遍及南山保护区，红外相机监测总相机日达 5 万余日，拍摄野生动物照片（包括红外相机照片）10 万余张。基于上述工作并结合南山保护区历史资料文献和馆藏动物标本，本书最终收录南山保护区陆生野生脊椎动物 245 种，包括鸟类 16 目 51 科 140 种，两栖动物 1 目 7 科 25 种，爬行类 1 目 11 科 42 种，哺乳动物 5 目 15 科 38 种。国家重点保护野生动物 30 种，其中国家一级保护野生动物 1 种，国家二级保护野生动物 29 种。

《广东始兴南山野生动物》作为南山保护区多年来生物多样性研究的一个阶段性成果，收录的所有物种均有资料凭证。除个别物种无照片，每个物种配有

2~4 张照片，很好地体现了该物种的形态特征；文字描述部分包括了物种的鉴别特征、栖息环境、生活习性和食性等信息。本书可作为保护区科学管理、野生动物保护、科研工作者和动物爱好者的基础参考资料。

本书的分类系统，鸟纲采用《中国鸟类分类与分布名录（第三版）》（郑光美，2017），并参考《中国观鸟年报—中国鸟类名录 10.0》（2022）；两栖纲采用《中国两栖动物及其分布彩色图谱》（费梁 等，2012）；爬行纲采用《中国动物志 爬行纲》（赵尔宓，1999）；哺乳纲参考了《中国哺乳动物多样性及地理分布》（蒋志刚 等，2015）和《中国兽类野外手册》（Smith 等，2009）。

本书的编撰是全体研究人员集体努力的结果。野外调查过程中，得到了南山保护区工作者的大力协助，广大野生动物爱好者的积极参与。编撰过程中，中国科学院动物研究所肖治术研究员、广东省科学院动物研究所张礼标研究员提出了宝贵的意见。在此谨致衷心的谢忱！

限于编者水平，且编写时间仓促，本书难免有错漏和不足之处，恳请广大读者批评指正。

编　者

2022 年 9 月

目 录 ● CONTENTS

前言

二、两栖纲（Amphibia）

三、爬行纲（Reptilia）

四、哺乳纲（Mammalia）

一、鸟纲（Aves）

鸟纲是脊椎动物亚门下的一纲。体均被羽，恒温，卵生，胚胎外有羊膜。前肢成翅，有时退化。多飞翔生活。心脏是 2 心耳 2 心室。骨多空隙，内充气体。呼吸器官除肺外，有辅助呼吸的气囊。

主要特征：

（1）高度发达的神经系统和感官，以及与此相联系的各种复杂行为，能更好协调体内外环境的统一。

（2）高而恒定的体温（37.0~44.6℃），减少对环境的依赖性。

（3）具有迅速飞翔的能力，能借主动迁徙来适应多变的环境条件。

（4）具有较为完善的繁殖方式和行为（营巢、孵卵和育雏），保证后代有较高的成活率。

三口之家

鸊鷉目 PODICIPEDIFORMES 鸊鷉科 Podicipedidae

小鸊鷉

Tachybaptus ruficollis

居留类型 留鸟
濒危等级 无危（LC）

▲雄鸟

▲雌鸟背雏鸟

别　　名　水葫芦。

外观特征　雌雄同型。小型游禽。体长 25~32 cm。身体短胖，尾短小。虹膜黄白色，嘴基具乳黄色斑。繁殖羽上体黑褐色，耳羽、颈侧栗红色，下体白色。非繁殖羽颈侧为浅棕色，上体灰褐色。

生　　境　栖息于湖泊、水塘及沼泽地。

习　　性　善于潜水。各自觅食，但常见一大群觅食于同一地点。

食　　性　主要以小鱼、水生无脊椎动物为食，偶尔食水生植物。

 小知识　雏鸟脸部具深色横斑，毛茸茸，胆怯，常躲藏在亲鸟背部翅膀里面，由亲鸟背着游走觅食，减少被天敌发现的风险。

繁殖羽

002 鹈形目 PELECANIFORMES 鹭科 Ardeidae

小白鹭

Egretta garzetta

居留类型 留鸟
濒危等级 无危（LC）

▲ 非繁殖羽

▲ 繁殖羽

别　　名　白鹭、白鹭鸶。

外观特征　雌雄同型。中型涉禽。体长 55~57 cm。全身体羽白色。繁殖期枕部着生 2 根细长饰羽，前颈和背部具蓑羽。嘴和腿黑色，趾黄色。

生　　境　栖息于稻田、河岸、泥滩及沿海小溪流。

习　　性　集群活动，常与其他种如大白鹭等混群。休息时脖子常缩成"S"形。

食　　性　主要以鱼类、甲壳类、软体动物等为食。

 小知识　　小白鹭在浅水中觅食时，常常一只脚站立，另外一只脚不停地在水中搅拌，把鱼虾振动出来，非常聪明。

非繁殖羽

中白鹭

Ardea intermedia

居留类型 留鸟
濒危等级 无危（LC）

别　　名　春锄。

外观特征　雌雄同型。中型涉禽。体长 62~70 cm。体羽全白色。脚黑色。嘴黄色，嘴尖黑色，嘴裂不超过眼后。繁殖期背部及胸部有松软的长丝状羽，嘴及腿短期呈粉红色，脸部裸露皮肤灰色。

生　　境　栖息于稻田、湖畔、沿海滩涂等。

习　　性　常单独或成对活动，与其他水鸟混群营巢。警惕性强。

食　　性　主要以鱼类、虾类及昆虫为食。

◀ 非繁殖羽

繁殖羽

▲ 繁殖羽

▲非繁殖羽

▲ 繁殖羽

牛背鹭

Bubulcus coromandus

居留类型 留鸟
濒危等级 无危（LC）

别　　名	黄头鹭、放牛郎。
外观特征	雌雄同型。中型涉禽。体长 50~55 cm。非繁殖期体羽全白色。繁殖期，头、颈、喉及背部生着橙黄色的蓑羽，其余白色；虹膜、腿、嘴及眼先短期呈现亮红色，余时橙黄色。
生　　境	栖息于稻田、草地、湖畔及水库。
习　　性	小群活动。常伴随牛活动。
食　　性	捕食被牛从草地上引来或惊起的昆虫，也捕食水生动物。

繁殖羽

池鹭

Ardeola bacchus

居留类型 留鸟
濒危等级 无危（LC）

▲繁殖羽

▲非繁殖羽

别　　名	红毛鹭。
外观特征	雌雄同型。中型涉禽。体长 45~50 cm。非繁殖期全身近暗褐色。繁殖期间颈、胸为栗红色，背生深蓝灰色的蓑羽，其余白色。
生　　境	栖息于稻田、池塘、湖泊、沼泽等水域。
习　　性	单独或分散小群觅食。常与其他水鸟混群营巢。
食　　性	主要以小鱼、虾、蟹、蚯蚓、昆虫为食，偶尔也吃植物。

小知识　　学名中的 *bacchus*（巴克科斯）是罗马神话中的酒神，形容池鹭的繁殖羽如红酒颜色。

亚成鸟

绿鹭

Butorides striata

居留类型　留鸟
濒危等级　无危（LC）

别　　　名　绿背鹭。

外观特征　雌雄同型。中型涉禽。体长 40~45 cm。成鸟顶冠及长冠羽具闪绿黑色光泽，一道黑线自嘴基过眼下及脸颊延至枕后，两翼及尾青蓝色并具有绿色光泽，羽缘皮黄色，腹部粉灰色。

生　　　境　栖息于稻田、池塘、水库、湖泊、沼泽等水域。

习　　　性　性情孤僻、羞怯。营巢。

食　　　性　主要以小鱼、虾、蟹、昆虫为食，偶尔也吃植物。

幼鸟

▲成鸟

▲成鸟

▲幼鸟

夜鹭

Nycticorax nycticorax

居留类型 留鸟

濒危等级 无危（LC）

别　　名	夜鹤。
外观特征	雌雄同型。中型涉禽。体长 42~50 cm。幼鸟虹膜黄色，体羽褐色，密布白色斑点。成鸟虹膜红色，头顶及背部蓝黑色，头顶有 2~3 根细长的白色饰羽。
生　　境	栖息于稻田、池塘、湖泊及沼泽等水域。
习　　性	黄昏时分散进食，发出低沉的呱呱叫声。结群营巢于水上悬枝。
食　　性	主要以小鱼、虾、软体动物为食。

 小知识　通常黄昏后于浅水处觅食，清晨太阳出来以前，陆续回到树上隐蔽处休息，故得名"夜鹭"。

◀ 亲鸟筑巢

海南鸦(jiān)

Gorsachius magnificus

居留类型 留鸟
濒危等级 濒危（EN）

别　　名	白耳夜鹭。
外观特征	中型涉禽。体长约 58 cm。上体、头侧斑纹、冠羽及颈侧线条深褐色，胸部具有矛尖状皮黄色长羽，羽缘色深，上颈侧橙褐色，翼覆羽具白色点斑，翼灰色。雄成鸟具有粗大的白色过眼纹，颈白色，胸侧黑色，翼上具有棕色肩斑，嘴偏黄色，嘴端深色，脚黄绿色。国家一级保护野生动物。
生　　境	栖息于林中溪流旁和沼泽地旁的浓密低矮灌丛。
习　　性	夜行性。不喜群居，不喜鸣叫。白天隐藏于密林，黄昏在水体附近觅食。
食　　性	主要以小鱼、蛙类和昆虫为食。

黑冠鹃隼

Aviceda leuphotes

居留类型   留鸟
濒危等级   无危（LC）

外观特征   中型猛禽。体长约 47 cm。胸具白色宽纹，翼具白斑，腹部具深栗色横纹，两翼短圆，飞行时翅膀看上去呈宽圆形，翼灰色两端黑色。国家二级保护野生动物。

生   境   栖息于高山森林地带。

习   性   成对或小群活动。振翅作短距离飞行。空中或地面捕捉昆虫。

食   性   主要以蝗虫、蚂蚱、蝉、蚂蚁等昆虫为食。

黑翅鸢

Elanus caeruleus

居留类型　留鸟
濒危等级　无危（LC）

▲ 在空中悬停捕食

别　　名　灰鹞子。

外观特征　雌雄同型。中型猛禽。体长 30~37 cm。有黑色的肩部斑块，初级飞羽下面黑色。成鸟头顶、背、翼覆
　　　　　羽及尾基部灰色，脸、颈及下体白色。亚成鸟体羽沾褐色。国家二级保护野生动物。

生　　境　栖息于有树木的原野、农田和疏林地带。

习　　性　喜站立在枯树或电线柱上，常振翅停于空中寻找猎物。

食　　性　主要以鼠类、小鸟、野兔和爬行动物为食。

鹰形目 ACCIPITRIFORMES 鹰科 Accipitridae

蛇雕

Spilornis cheela

居留类型　留鸟
濒危等级　无危（LC）

别　　　名　蛇鹰、麻鹰。

外观特征　雌雄同型。大型猛禽。体长 50~74 cm。
嘴及眼之间有黄色裸露皮肤，黑色羽冠明显。上体深褐色，具细窄白色羽缘，下体棕褐色，腹部带有灰白色斑点。嘴黑色，脚黄色。飞翔时尾部具有宽阔的白色横斑及白色的翼后缘。国家二级保护野生动物。

生　　　境　栖息于林地或林缘开阔地带。

习　　　性　常栖息于森林中隐蔽的树枝上监视地面，或在上空盘旋发出似啸声的鸣叫。雏鸟为晚成鸟，需要亲鸟抚养约 60 天才能出巢。

食　　　性　主要以鼠类、蛙类、蛇类、蜥蜴类等为食。

🐦 **小知识**

雄鸟的领地意识非常强烈，如果其他同类入侵，雄鸟会将头部和颈部完全伸出，双翅保持张开向上的姿态，并发出接近疯狂的叫声。

凤头鹰

Accipiter trivirgatus

居留类型 留鸟
濒危等级 无危（LC）

别　　名	凤头雀鹰。
外观特征	雌雄相似。中型猛禽。体长 30~46 cm。额及后颈灰黑色，羽冠短而明显，上体灰褐色，喉中央有一道黑色纵纹，胸部的褐色纵纹至腹部变为横纹，尾羽上有四道深色横斑。国家二级保护野生动物。
生　　境	栖息于有密林覆盖处。
习　　性	繁殖期常在森林上空翱翔，发出响亮叫声。
食　　性	主要以鼠类、蛙类、蜥蜴类、昆虫等动物为食。

鹰形目 ACCIPITRIFORMES 鹰科 Accipitridae

赤腹鹰

Accipiter soloensis

居留类型 留鸟
濒危等级 无危（LC）

别　　名　鸽子鹰。

外观特征　雌雄略异。小型猛禽。体长 25~35 cm。上体淡蓝灰色，背部羽尖略具白色，外侧尾羽具不明显黑色横斑，下体白色，胸及两胁略沾粉色，两胁具浅灰色横纹，腿上也略有横纹。国家二级保护野生动物。

生　　境　栖息于平原、草地、荒原和低山丘陵地带。

习　　性　常从栖息处俯冲下来捕食，动作快，有时在上空盘旋。繁殖期为 5~6 月。

食　　性　主要以鼠类、蛙类、蜥蜴类、鸟类、昆虫等为食。

小知识　赤腹鹰的翅膀尖而长，因外形像鸽子，所以也叫"鸽子鹰"。繁殖期间，雌鹰每天会叼新鲜绿叶作为鸟巢铺垫物，用来增加鸟巢的湿度。

014

鹰形目 ACCIPITRIFORMES 鹰科 Accipitridae

松雀鹰

Accipiter virgatus

居留类型 留鸟
濒危等级 无危（LC）

别　　名　松子鹰、雀鹰。

外观特征　雌雄略异。中型猛禽。体长约 33 cm。雄鸟上体深灰色，尾具粗横斑，下体白色，两胁棕色带褐色横斑，喉白色，有黑色喉中线和髭纹。雌鸟和亚成鸟两胁少棕色，下体多具红褐色横斑，背部黑色，尾具深色横斑。国家二级保护野生动物。

生　　境　栖息于林缘或丛林边开阔处。

习　　性　在林间静立，伺机寻找爬行类动物或者鸟类。有时也见高空滑翔。

食　　性　主要以鼠类、蜥蜴类、小鸟、昆虫等为食。

雄鸟

015　　隼形目 FALCONIFORMES 隼科 Falconidae

红隼

Falco tinnunculus

居留类型　冬候鸟
濒危等级　无危（LC）

▲雌鸟

▲雌鸟

别　　名　红鹰、红鹞子。

外观特征　雌雄略异。小型猛禽。体长 32~38 cm。雄鸟头顶、后颈及尾羽蓝灰色，眼睛下方有一纵纹，背及翼棕红色，具黑褐色点斑，胸腹具黑点斑。雌鸟头及尾羽棕红色，胸腹有明显纵斑。国家二级保护野生动物。

生　　境　喜欢开阔平原，栖息于柱子或枯枝上面。

习　　性　通常单独活动，傍晚最为活跃，喜逆风飞翔，取食迅速。

食　　性　主要以蛇类、蛙类、鼠类、小鸟、昆虫等为食。

 小知识　繁殖期为 5~7 月。巢较为简陋，多用枯枝、草茎等搭建。孵卵工作主要由雌鸟承担，雄鸟则承担护卫工作。有时也会抢占喜鹊、乌鸦巢。

016 隼形目 FALCONIFORMES 隼科 Falconidae

游隼

Falco peregrinus

居留类型 冬候鸟
濒危等级 无危（LC）

别　　名　花梨鹰、鸭虎。

外观特征　雌雄相似。中型猛禽。体长36~49 cm。头顶及脸近黑色或有黑色条纹，上体深灰色并具有黑色点斑及横纹，下体白色，胸部有黑色纵纹，腹部、腿多有黑色横斑。国家二级保护野生动物。

生　　境　栖息于开阔的山地、丘陵及旷野地带。在悬崖上筑巢。

习　　性　常成对活动，飞行甚快。从高空呈螺旋形向下猛扑猎物。

食　　性　主要以鸠鸽类、雉类等中小型鸟为食。

 小知识　　游隼体格强健，是世界上短距离冲刺速度最快的鸟类，长距离飞行能力仅次于雨燕。其鸟巢非常大，是世界上最大的鸟巢。

◀ 雏鸟

白眉山鹧鸪

Arborophila gingica

居留类型 留鸟
濒危等级 近危（NT）

别　　名　山鸡、新竹鸡。

外观特征　雌雄相似。中型陆禽。体长 25~30 cm。
体羽灰褐色，腿红色，眉白色，眉线散开，
喉黄色。华美的颈项上具有黑色、白色
及巧克力色环是本种的特征。中国特有
种。国家二级保护野生动物。

生　　境　栖息于低山丘陵地带的阔叶林、混交林、
灌丛及竹林内。

习　　性　晚上停息于树上。鸣声悠长哀婉，叫声
"hu—u—u"，受惊后飞行疾速，但飞
行距离不远。

食　　性　主要以植物的果实和种子为食，也食昆
虫和其他无脊椎动物。

雄鸟

▲雌鸟

▲雏鸟

▲亚成鸟

白鹇

Lophura nycthemera

居留类型　留鸟

濒危等级　无危（LC）

 小知识

白鹇是广东省的省鸟。
清朝五品文官官服上
的鸟图案就是白鹇。

别　　名	白山鸡、银雉。
外观特征	雌雄异型。大型陆禽。体长 94~110 cm。雄鸟头顶、冠羽黑色，脸颊裸露皮肤鲜红色。中央尾羽长而白，背及其他尾羽白色具有黑色斑纹，下体黑色。雌鸟上体橄榄褐色至栗色，下体具褐色细纹或为杂白色、黄色，具暗红色羽冠，脸颊裸露皮肤红色。国家二级保护野生动物。
生　　境	栖息于海拔 2000 m 以下的丘陵和山区林中。
习　　性	成小群活动，一雄多雌。冬季集大群活动。
食　　性	杂食性。主要以植物的嫩叶、芽、花、茎为食，也食昆虫。

雄鸟

▲ 雌鸟

▲ 雄鸟

▲ 受精卵

雉鸡

Phasianus colchicus

居留类型　留鸟
濒危等级　无危（LC）

别　　名	环颈雉、山鸡。
外观特征	雌雄异型。大型陆禽。体长 60~85 cm。雄鸟头颈黑色并具有闪暗绿色光泽，耳羽簇黑色闪蓝，眼周裸露皮肤呈鲜红色，两翼灰色，褐色尾羽带有黑色横纹。雌鸟体色暗淡，周身密布浅褐色斑纹。
生　　境	栖息于中、低山丘陵的灌丛、竹丛或草丛中。
习　　性	雄鸟单独或成小群活动，雌鸟与其雏鸟活动，偶尔与其他鸟类合群。
食　　性	杂食性。主要以植物的嫩叶、芽、花、茎为食，也食昆虫。

020　　鸡形目 GALLIFORMES 雉科 Phasianidae

灰胸竹鸡

Bambusicola thoracicus

居留类型 留鸟

濒危等级 无危（LC）

别　　名	竹鹧鸪、地主婆。
外观特征	雌雄相似。中型陆禽。体长 30~32 cm。额、眉线及颈项蓝灰色，脸、喉及上胸棕色，上背、胸侧及两胁有月牙形的大块褐色斑，外侧尾羽栗色。
生　　境	栖息于低山丘陵和山脚平原地带的竹林、灌丛和草丛中。
习　　性	以家庭群栖居。飞行笨拙、路径直。
食　　性	杂食性。主要以植物的嫩叶、芽、花、茎为食，也食昆虫。

 小知识　不畏惧人，可在人附近活动。繁殖期从 3 月开始，雄鸟具有独个占地行为，在其领域内，不允许其他雄性同类入侵，所以常发生争斗。叫声像在喊"地主婆，地主婆。"

021 鹤形目 GRUIFORMES 秧鸡科 Rallidae

红脚田鸡

Zapornia akool

居留类型 留鸟
濒危等级 无危（LC）

别　　名	棕苦恶鸟、红脚苦恶鸟。

别　　名　棕苦恶鸟、红脚苦恶鸟。

外观特征　雌雄同型。中型水鸟。体长 26~28 cm。上体橄榄色，下体灰暗色，尾下覆羽褐色，嘴黄绿色，喉白色，脚暗红色，尾不断上翘。

生　　境　栖息于平原和低山丘陵地带的沼泽草地、溪流和农田等。

习　　性　性羞怯、机警，多在黄昏活动。善于步行、奔跑及涉水。

食　　性　性杂食。主要以植物的茎、叶、种子及昆虫等为食。

　　鹤形目 GRUIFORMES 秧鸡科 Rallidae

▲育雏　　　　　　　　　　　　　　▲雏鸟

白胸苦恶鸟

Amaurornis phoenicurus

居留类型 留鸟

濒危等级 无危（LC）

别　名	白脸秧鸡。
外观特征	雌雄同型。中型水鸟。体长 26~35 cm。上嘴基部有黄斑。头顶、颈侧、体侧及上体近黑灰色，脸、颊、胸及上腹部白色，下腹部及尾下棕红色。
生　境	栖息于湖泊、灌丛、河滩及红树林。
习　性	单独活动，偶尔三两成群。野外反复发出"苦啊，苦啊！"叫声。
食　性	主要以小型无脊椎动物为食，也吃植物的茎、叶、种子等。

 小知识　　叫声"苦啊，苦啊，苦啊！"相传一个年轻媳妇被婆婆及小姑子迫害致死，死后化成此鸟，终日叫苦鸣冤。

▲一对亲鸟

▲成鸟带雏鸟觅食

▲亚成鸟

黑水鸡

Gallinula chloropus

居留类型 留鸟

濒危等级 无危（LC）

别	名	红骨顶。
外观特征		雌雄同型。中型水鸟。体长 30~38 cm。嘴暗黄绿色，嘴基及额甲红色。体羽大致黑色，脚黄绿色，两胁有白色纵纹，尾下覆羽两侧亦为白色。
生	境	栖息于湖泊、水塘及沼泽地。常小群出现。
习	性	在水中或陆地时，尾巴不停上翘。不善飞行，起飞前先在水面助跑很长一段距离。
食	性	以水生植物、水生昆虫、软体动物为食。

 小知识 雏鸟为早成鸟，出壳时全身被黑色绒羽，在巢内停留 1~2 天，3 日龄可游泳，8 日龄可潜水，72 日龄可以独立生活。

雌鸟

▲ 雄鸟带雏鸟觅食

彩鹬

Rostratula benghalensis

居留类型 留鸟

濒危等级 无危（LC）

外观特征 雌雄异型。小型涉禽。体长 24~28 cm。
体型圆胖，嘴粉红色，先端膨胀略下弯。
雄鸟整体黄褐色，眼纹黄色。雌鸟繁殖
羽艳丽，头、颈深栗色，眼周白色，背
上具白色"V"形纹并有白色条带绕肩，
下体白色。

生　　境 栖息于稻田、沼泽、芦苇丛。

习　　性 性胆小，多在黄昏和夜间活动，白天隐
藏在草丛中。

食　　性 以甲壳类、软体动物及植物种子为食。

 小知识　　鸟类多以雄鸟为美，但彩鹬是特例，以雌鸟为美。一妻多夫制。孵卵、育雏皆由雄鸟完成，
典型的奶爸形象。

鸻形目 CHARADRIIFORMES 鸻科 Charadriidae

金眶鸻

Charadrius dubius

居留类型　冬候鸟
濒危等级　无危（LC）

▲亚成鸟

别　　名	黑领鸻、小环颈鸻。
外观特征	雌雄相似。小型涉禽。体长 15~17 cm。嘴黑。眼眶金黄色，头顶和上体灰褐色，额头白色。繁殖羽眼先至耳羽有黑色贯眼纹，两眼之间在额头上有一黑带。有完整黑色领环。亚成鸟的领环常在胸前断开。
生　　境	栖息于沿海滩涂、河滩、沼泽。
习　　性	常单独或成对活动，偶尔也集成小群。常快步小跑式前进。
食　　性	主要以昆虫、甲壳类、蠕虫、软体动物等为食。

026 鸻形目 CHARADRIIFORMES 丘鹬科 Scolopacidae

白腰草鹬

Tringa ochropus

居留类型 冬候鸟
濒危等级 无危（LC）

别　　名　绿鹬。

外观特征　雌雄同型。小型涉禽。体长22~25 cm。眼纹白色。上体灰褐色具白色斑点，腰和尾白色，尾具黑褐色纵纹。下体白色，胸具黑褐色纵纹。脚灰绿色。

生　　境　喜小水塘、鱼塘、湖泊、河流及沼泽。

习　　性　性机警孤僻，常单独活动。受惊时飞起，呈锯齿形飞行。

食　　性　主要以鱼、虾、昆虫等为食。

林鹬

Tringa glareola

居留类型 冬候鸟
濒危等级 无危（LC）

别　　名	林札子、油锥。
外观特征	雌雄同型。小型涉禽。体长 19~23 cm。头和后颈黑褐色具白色纵纹。白色眉纹和黑色贯眼线。背黑褐色具白斑。腰、尾白色，尾具黑色纵纹。脚暗黄绿色。
生　　境	喜沿海多泥地、内陆稻田、淡水沼泽地。
习　　性	小群活动。行动时尾巴上下摆动，惊吓飞起时发出"匹、匹"叫声。
食　　性	主要以甲壳类、软体动物及水生昆虫为食。

鸻形目 CHARADRIIFORMES 丘鹬科 Scolopacidae

矶鹬

Actitis hypoleucos

居留类型 留鸟

濒危等级 无危（LC）

外观特征　雌雄同型。小型涉禽。体长 19~21 cm。头顶至后颈灰褐色。浅色眉纹和黑褐色贯眼纹。背至尾部黑褐色，具细白斑。下体白色，胸侧至肩部形成"V"形白斑。脚浅黄绿色。

生　　境　喜沿海滩涂、稻田、溪流等。

习　　性　常单独活动。行走时不停点头。常边叫边飞，叫声"矶——矶——"。

食　　性　主要以昆虫、螺、蠕虫、小鱼等为食。

非繁殖羽

029 鸻形目 CHARADRIIFORMES 鸥科 Laridae

▲非繁殖羽

▲繁殖羽

红嘴鸥

Chroicocephalus ridibundus

居留类型 冬候鸟
濒危等级 无危（LC）

别 名	水鸽子。
外观特征	雌雄同型。中型鸟类。体长 36~42 cm。非繁殖羽上体浅灰色，其他部位为白色，耳羽具黑斑，尾羽黑色。繁殖羽头部黑褐色，嘴和脚深红色。
生 境	栖息于江河、湖泊、水库、海湾等水域。
习 性	常大群活动，不惧怕人。
食 性	主食虾、鱼、昆虫、水生植物及人类丢弃的食物残渣。

 小知识　胆大，常跟在其他水鸟如普通鸬鹚等后面，抢夺它们捕食到的食物。同类之间亦经常打斗抢夺地盘或食物。

鸽形目 COLUMBIFORMES 鸠鸽科 Columbidae

山斑鸠

Streptopelia orientalis

居留类型 冬候鸟

濒危等级 无危（LC）

别　　名 山鸠、金背鸠。

外观特征 雌雄同型。中型鸟类。体长 30~35 cm。头、颈灰褐色，颈侧有黑色和蓝灰色横斑。上体棕色，羽缘红褐色，尾黑色具灰白端斑。脚红色。

生　　境 栖息于低山丘陵、平原和山地阔叶林、混交林、次生林。

习　　性 单独或成对活动，多在开阔农耕区、村庄周围活动。

食　　性 在地面取食，主要以植物种子为食，也吃昆虫。

031 鸽形目 COLUMBIFORMES 鸠鸽科 Columbidae

珠颈斑鸠

Spilopelia chinensis

居留类型 留鸟
濒危等级 无危（LC）

别　　名	珍珠鸠、花脖斑鸠。
外观特征	雌雄同型。中型鸟类。体长 27~32 cm。头、颈灰色略带粉红色。颈侧有黑色具白点的领斑。上体灰褐色，下体粉红色。脚红色。
生　　境	栖息于村庄周围及稻田，与人类共生，常在地面取食。
习　　性	常站立电线上或路面，受干扰后缓缓振翅，贴地面而飞。常发出低沉的叫声"咕——咕——咕"。
食　　性	主要以植物果实、种子及昆虫为食。

🐦 小知识　珠颈斑鸠跟山斑鸠的主要区别是颈侧图案不同。珠颈斑鸠的是带圆形白点的黑色领斑；山斑鸠的是黑白斜条纹。

斑尾鹃鸠

Macropygia unchall

居留类型 冬候鸟
濒危等级 无危（LC）

外观特征	雌雄略异。中型鸟类。体长 37~41 cm。背及尾满布黑色或褐色横斑。头灰色，颈背呈亮蓝绿色。胸偏粉色，渐至白色的臀部。脚红色。国家二级保护野生动物。
生　境	主要栖息于丘陵的树林中。
习　性	通常成对活动，偶尔单只，很少成群活动，行动从容，不甚怕人。
食　性	主要以植物果实、种子及昆虫为食。

雄鸟

033 鸽形目 COLUMBIFORMES 鸠鸽科 Columbidae

绿翅金鸠

Chalcophaps indica

居留类型 留鸟
濒危等级 无危（LC）

▲雄鸟

▲雄鸟

别　　名　绿背金鸠。

外观特征　雌雄略异。中型鸟类。体长 23~27 cm。雄鸟下体粉红色，头顶灰色，额白色，腰灰色，两翼具亮绿色。雌鸟头顶无灰色。嘴尖橘黄色，脚红色。

生　　境　主要栖息于丘陵的树林中。

习　　性　通常单个或者成对活动于森林下层植被浓密处。极快速飞行，穿林而过。

食　　性　主要以植物果实、种子及昆虫为食。

034　鹃形目 CUCULIFORMES 杜鹃科 Cuculidae

▲亚成鸟

褐翅鸦鹃

Centropus sinensis

居留类型　留鸟

濒危等级　无危（LC）

别　　名	大毛鸡。
外观特征	雌雄同型。中型鸟类。体长 40~52 cm。成鸟虹膜红色。嘴黑色粗厚。尾长而宽。通体黑色带金属光泽。两翅及肩为棕褐色。国家二级保护野生动物。
生　　境	喜欢林缘地带、芦苇河岸及红树林河口。
习　　性	喜欢单独或成对活动，很少成群。常在地面活动，或在灌丛及树间跳跃。
食　　性	主要以节肢动物、软体动物及小型脊椎动物为食。

 小知识　　褐翅鸦鹃的虹膜是血红色；小鸦鹃虽然外形似褐翅鸦鹃，但其虹膜是褐黑色。

鹃形目 CUCULIFORMES 杜鹃科 Cuculidae

小鸦鹃

Centropus bengalensis

居留类型 留鸟
濒危等级 无危（LC）

▲亚成鸟

别　　名　小毛鸡、番鹃。

外观特征　雌雄同型。中型鸟类。体长 31~38 cm。尾长，外形似褐翅鸦鹃，但体型较小，肩部和两翅为栗色，头黑色，色泽显污浊，上肩及两翼的栗色较为浅色且杂黑色，虹膜褐黑色。国家二级保护野生动物。

生　　境　栖息于山地、平原、农田、果园等地。

习　　性　有时作短距离飞行，从植被上飞掠过。

食　　性　主要以昆虫、蚯蚓等为食。

 小知识　　小鸦鹃的亚成鸟和成鸟差异很大，亚成鸟具有褐色条纹，头部呈现白色丝状羽。

鹰鹃

Hierococcyx sparverioides

居留类型　夏候鸟
濒危等级　无危（LC）

别　　名　大鹰鹃。

外观特征　雌雄同型。中型鸟类。体长 38~40 cm。胸棕色，具有白色及灰色斑纹，腹部具白色及褐色横斑而染棕色。尾部次端斑棕色，尾端白色。

生　　境　栖息于山地森林中。

习　　性　多单独活动于山林间的乔木上，喜隐蔽于树枝间呼叫。

食　　性　主要以昆虫为食。

 小知识　　鹰鹃的叫声，响亮而重复"鬼贵哟！"，但几乎不见身影，极其神秘。

四声杜鹃

Cuculus micropterus

居留类型　夏候鸟
濒危等级　无危（LC）

别　　　名	布谷鸟、豌豆八哥。
外观特征	雌雄略异。中型鸟类。体长 32~33 cm。头及颈灰色，上体与两翅深褐色，初级飞羽内有白色横斑，腹白色且有黑色横斑，尾羽具有白色斑点和宽阔的近端黑色斑。雌鸟多褐色。
生　　　境	栖息于山地森林和次生林上层。
习　　　性	流动性大，无固定的居留地。性隐蔽，出没于平原至高山的林中。
食　　　性	主要以昆虫为食，尤喜毛虫。

 小知识　　具有巢寄生的特点。雌鸟会把卵产在别的鸟种巢里，由它们代孵并抚育其雏鸟。

雄鸟

038 　鹃形目 CUCULIFORMES 杜鹃科 Cuculidae

寄生在红嘴蓝鹊窝里的噪鹃雏鸟

▲ 雌鸟

▲ 雄鸟

噪鹃

Eudynamys scolopaceus

居留类型　留鸟
濒危等级　无危（LC）

别　　　名	鬼郭公。
外观特征	雌雄异型。中型鸟类。体长 35~45 cm。成鸟虹膜红色。雄鸟通体蓝黑色带金属光泽。雌鸟上体褐色布满白斑，下体白色杂褐色横斑。
生　　　境	栖息于稠密的红树林、次生林、森林、公园及小区住宅绿化树中。
习　　　性	习性隐蔽，较难见到。雄鸟昼夜发出响亮叫声，极其聒噪。
食　　　性	食性较杂。主要以植物果实为主，兼食昆虫。

小知识　具有巢寄生的特点。噪鹃雌鸟把卵产在别的鸟种巢里，由它们代孵并抚育其雏鸟。常被寄生的鸟有红嘴蓝鹊、黑领椋鸟、长尾缝叶莺等。

红翅凤头鹃

Clamator coromandus

居留类型 夏候鸟

濒危等级 无危（LC）

外观特征 雌雄略异。中型鸟类。体长 38~46 cm。尾长，头部具有显眼的直立凤头，顶冠和凤头黑色，背及尾黑色而带蓝色光泽，翼栗色，喉及胸橙褐色，颈圈白色，腹部近白色。

生　　境 栖息于低山丘陵和山麓平原等开阔地带的疏林和灌木丛中。

习　　性 多单独活动。常活跃于暴露的树枝间。

食　　性 主要以白蚁、毛虫、甲虫等昆虫为食。

小知识 叫声响亮尖锐，而且富有节奏感，像电报声。

黄嘴角鸮

Otus spilocephalus

居留类型　留鸟
濒危等级　无危（LC）

外观特征　雌雄同型。中型鸟类。体长 18~20 cm。眼黄色，嘴角黄色，特征为无明显的纵纹或横斑，仅肩部具一排硕大的三角形白色点斑。耳羽簇明显，看上去像角一样，尾羽棕栗色，下体灰棕褐色，有斑纹。国家二级保护野生动物。

生　　境　栖息于海拔 1000~2500 m 的潮湿热带山林中。

习　　性　夜行性。模仿其叫声能引其应答。

食　　性　主要以大型昆虫为食，也食小型啮齿类、小鸟和蜥蜴。

领角鸮

Otus lettia

居留类型 留鸟
濒危等级 无危（LC）

▲康复中的领角鸮

外观特征	雌雄同型。中型鸟类。体长 23~25 cm。具明显的耳羽簇及特征性的浅沙色颈圈，上体偏灰色或沙褐色，多具黑色及皮黄色的杂纹或斑块，下体皮黄色带黑色条纹。国家二级保护野生动物。
生　境	栖息于山地阔叶林和混交林种，也出现于山麓林缘和村寨附近树林内。
习　性	夜间活动，好奇心重，不怕人。繁殖季节叫声哀婉。
食　性	主要以鼠类、蝗虫和鞘翅目甲虫为食。

鸮形目 STRIGIFORMES 鸱鸮科 Strigidae

红角鸮

Otus sunia

居留类型 留鸟

濒危等级 无危（LC）

别　　名　东方角鸮。

外观特征　雌雄同型。小型鸟类。体长 17~21 cm。具褐色斑驳纹，眼黄色，胸部布满黑色条纹。分灰色型及棕色型。国家二级保护野生动物。

生　　境　栖息于山地林间。

习　　性　夜间活动，常单独活动。繁殖期间成对活动。

食　　性　主要以鼠类、昆虫和小鸟为食。

 小知识

中国最小的鸮类，小型猫头鹰，喜欢在白天活动。

领鸺鹠

Taenioptynx brodiei

居留类型 留鸟
濒危等级 无危（LC）

别　　名　鸺鹠。

外观特征　雌雄同型。体长15~17 cm。面盘不显著，
多横斑，眼黄色，颈圈浅色，无耳羽簇，
上体浅褐色具黄色横斑，头顶灰色，
具白色或皮黄色的小型"眼状斑"，
喉白色而满具褐色横斑，胸及腹部皮
黄色，具黑色横斑，大腿及臀白色并
具黑色纵纹。国家二级保护野生动物。

生　　境　栖息于山地林间。

习　　性　单独活动，栖息于高树上，飞行时振
翅极快。

食　　性　主要以鼠类、昆虫和小鸟为食。

斑头鸺鹠

Glaucidium cuculoides

居留类型 留鸟
濒危等级 无危（LC）

▲午睡中

别　　名	横纹鸺鹠。
外观特征	雌雄同型。体长 22~25 cm。遍具棕褐色横斑，无耳羽簇，白色的颏纹明显，下体为褐色和皮黄色，上体棕栗色而具横斑，体色几乎全褐色，具深褐色横斑，臀片白色，两胁栗色。国家二级保护野生动物。
生　　境	栖息于庭园、存在、原始林及次生林中。
习　　性	主要为夜行性，但有时白天也活动，多在夜晚和清晨鸣叫。
食　　性	主要以鼠类、蛙类、昆虫和小鸟为食。

🐦 **小知识**

普通夜鹰白天栖息时，身体主轴与树枝平行，伏贴在树上，身体颜色几乎跟树皮一致，故有"贴树皮"之别称。

普通夜鹰

Caprimulgus jotaka

居留类型　夏候鸟

濒危等级　无危（LC）

别　　名　鬼鸟、贴树皮。

外观特征　雌雄相似。体长 24~27 cm。通体几乎全为暗褐色斑杂状，喉具白斑，具有极佳保护色。雄鸟外侧四对尾翼具白色斑纹，雌鸟的白色斑纹呈皮黄色。

生　　境　栖息于林缘疏林和农田附近的竹林中。

习　　性　多为夜行性，常单独或成对活动，白天栖息于地面或横枝。

食　　性　主要以天牛、金龟子、蚊等昆虫为食。

▲ 育雏

小白腰雨燕

Apus nipalensis

居留类型　夏候鸟
濒危等级　无危（LC）

别　　　名	小雨燕、台燕。
外观特征	雌雄同型。小型鸟类。体长 11~15 cm。除喉部及腰白色外，其余部位为黑褐色，微带蓝绿色光泽。尾部分叉不明显，平尾状略向内凹。
生　　境	栖息于河流、水库等水源附近。
习　　性	成群活动。筑巢于屋檐下、悬崖或洞穴口。
食　　性	在开阔地的上空捕食，主要以膜翅目的飞行昆虫为食。

雄鸟

红头咬鹃

Harpactes erythrocephalus

居留类型　留鸟
濒危等级　无危（LC）

 ▲ 雌鸟

▲ 雄鸟

别　　　名　红姑鸽。

外观特征　雌雄略异。中型鸟类。体长 31~35 cm。雄鸟以红色的头部为特征，背部颈圈缺失，红色胸部具有狭窄的半月形白环。雌鸟头顶黄褐色，其他与雄鸟相同。

生　　　境　栖息于热带雨林及次生常绿阔叶林内。

习　　　性　在密林的低枝上猎取食物。

食　　　性　主要以野果及蝗虫、螳螂等昆虫为食。

雌鸟

佛法僧目 CORACIIFORMES 翠鸟科 Alcedinidae

▲ 雄鸟

▲ 土洞巢穴

普通翠鸟

Alcedo atthis

居留类型 留鸟
濒危等级 无危（LC）

别　　名	小翠、钓鱼郎。
外观特征	雌雄略异。小型鸟类。体长 15~18 cm。雄鸟嘴黑色，雌鸟下嘴橘黄色。前额、耳羽栗棕色。上体从前额到后颈深蓝绿色并带有翠蓝色细横斑，背部翠蓝色。
生　　境	筑巢在泥坡洞里产卵育雏。
习　　性	常出没于河流、湖泊、池塘，栖息于岩石或树上。
食　　性	主要以小鱼、水生昆虫为食。

 小知识　筑巢在泥坡洞里产卵和育雏，洞深 0.5~1 m，洞口仅可容它们进出，以此避开天敌的威胁。

白胸翡翠

Halcyon smyrnensis

居留类型　留鸟
濒危等级　无危（LC）

别　　名	白胸鱼狗。
外观特征	雌雄同型。中型鸟类。体长 26~30 cm。嘴、脚红色，喉及胸部白色，头、颈及下体深栗色，下背至尾上覆羽辉蓝色。国家二级保护野生动物。
生　　境	常出没于河流、湖泊、水库及池塘。栖息于岩石或树上。
习　　性	性情喧闹而活泼，喜欢站电线上、电线杆上、树枝上高声鸣叫。
食　　性	主要以小鱼、蟹、水生昆虫、蛙、蛇类等为食。

 小知识　　抓捕鱼后回到站处，会左右摔打小鱼到软为止，然后再调整角度吞咽下去。

繁殖羽

蓝喉蜂虎

Merops viridis

居留类型 夏候鸟
濒危等级 无危（LC）

▲ 非繁殖羽

▲ 繁殖泥洞

别　　名	红头吃蜂鸟。
外观特征	雌雄同型。中型鸟类。体长 21~24 cm。繁殖期间，头顶及上背巧克力色，过眼线黑色，翼蓝绿色，腰及长尾浅绿色，以蓝喉为特征。国家二级保护野生动物。
生　　境	栖息于近海低洼处的开阔原野及林地。
习　　性	繁殖期多群集在多沙地带。常停在电线上捕食过往的昆虫。
食　　性	主要以蜜蜂、胡蜂、蜻蜓等昆虫为食。

小知识　　蓝喉蜂虎为誉为"中国最美小鸟"。繁殖期多营巢在近水源的土坡泥洞里。

三宝鸟

Eurystomus orientalis

居留类型 夏候鸟

濒危等级 无危（LC）

别　　名　阔嘴鸟、老鸹翠。

外观特征　雌雄同型。中型鸟类。体长 27~32 cm。具有宽阔的红嘴（亚成鸟为黑色）。整体色彩为暗蓝灰色，但喉部为亮丽蓝色，飞行时两翼中心具有对称的亮蓝色圆圈状斑点，脚红色。

生　　境　栖息于针阔叶混交林、阔叶林林缘及路边、河谷两岸高大的乔木树上。

习　　性　喜欢停电线上。早晚活动。

食　　性　主要以金龟子、蝗虫等昆虫为食。

🐦 **小知识**

通常在树干上做凿洞为巢，洞深约 17 cm，洞口直径约 7 cm，产卵 2~5 枚。

大拟啄木鸟

Psilopogon virens

居留类型 留鸟
濒危等级 无危（LC）

别　　名　阔嘴鸟。

外观特征　雌雄相似。中型鸟类。体长 32~35 cm。头大呈墨绿色，嘴特大呈草黄色，上体多绿色，腹部淡黄色带深绿色纵纹，尾下覆羽亮红色。

生　　境　栖息于常绿阔叶林中。

习　　性　有时几只集于一棵树顶上鸣叫，叫声重复单调。

食　　性　杂食性。主要以马桑科、五加科植物，以及其他植物的花、果实、种子为食，也吃昆虫。

鴷形目 PICIFORMES 拟啄木鸟科 Megalaimidae

黑眉拟啄木鸟

Psilopogon faber

居留类型 留鸟
濒危等级 无危（LC）

别　　名　五色鸟。

外观特征　雌雄相似。中型鸟类。体长 20~22 cm。头部有蓝、红、黄、黑 4 种颜色，眉黑色，颊蓝色，喉黄色，颈侧具红点，脚铅灰色，体羽绿色。

生　　境　栖息于海拔 2500 m 以下的中低山和山脚平原常绿阔叶林和次生林中。

习　　性　常单只或小群活动，叫声重复洪亮而单调。

食　　性　主要以植物的花、果实和种子为食，也吃昆虫。

 小知识　　因其身上羽毛有 5 种颜色（蓝、红、黄、绿、黑）而得名"五色鸟"。

黄嘴栗啄木鸟

Blythipicus pyrrhotis

居留类型　留鸟
濒危等级　无危（LC）

外观特征　雌雄略异。中型鸟类。体长 26~30 cm。
　　　　　体羽赤褐色具有黑斑，长形嘴浅黄色。
　　　　　雄鸟颈侧及颈部有绯红色块斑。

生　　境　栖息于常绿阔叶林中。

习　　性　单独或成对活动，不錾击树木。

食　　性　主要以昆虫为食。

▲ 树洞巢穴

斑姬啄木鸟

Picumnus innominatus

居留类型   留鸟
濒危等级   无危（LC）

别	名	歪脖鸟。
外观特征		雌雄相似。小型鸟类。体长 9~11 cm。上体橄榄色，下体多黑点，脸及尾部具黑白色纹。雄鸟前额橘黄色，脚灰色。
生	境	栖息于热带低山混合林的枯树或树枝上，尤喜竹林。
习	性	觅食时持续发出轻微的叩击声。
食	性	主要以蚂蚁、甲虫和其他昆虫为食。

鴷形目 PICIFORMES 啄木鸟科 Picidae

星头啄木鸟

Yungipicus canicapillus

居留类型 留鸟

濒危等级 无危（LC）

别　　名　小啄木鸟。

外观特征　雌雄相似。小型鸟类。体长 14~16 cm。下体无红色，头顶灰色，雄鸟眼后上方具红色条纹，近黑色条纹的腹部棕黄色。

生　　境　栖息于山地和平原的阔叶林、针叶林和针阔叶混交林中，也出现在杂木林和次生林中。

习　　性　单独或成对活动。多在树上取食。飞行迅速，呈波浪式前进。

食　　性　主要以昆虫为食，也吃一些植物的果实和种子。

灰头绿啄木鸟

Picus canus

居留类型　留鸟
濒危等级　无危（LC）

别　　名	火老鸦、黑枕绿啄木鸟。
外观特征	雌雄略异。中型鸟类。体长 28~33 cm。雄鸟上体背部绿色，额部和顶部红色，枕部灰色并有黑纹，下体灰绿色，雌鸟头顶和额部绯红色。
生　　境	栖息于低山阔叶林和混交林，也出现在次生林和林缘地带。
习　　性	单独或成对活动，多在树上取食，飞行迅速，呈波浪式前进。
食　　性	主要以蚂蚁、天牛幼虫等昆虫为食，偶尔吃一些植物种子。

▲ 育雏

仙八色鸫

Pitta nympha

居留类型　夏候鸟、旅鸟
濒危等级　易危（VU）

外观特征	雌雄同型。小型鸟类。体长 16~20 cm。体色艳丽，冠纹黑色，贯眼纹黑色一直延长到后颈跟冠纹相交，翼及腰部斑块天蓝色，下体色浅多为灰色，腹部中央和尾下覆羽亮橙色，黑色尾羽的边缘呈亮蓝色。国家二级保护野生动物。
生　境	栖息于平原至低山阔叶林，也出现在村庄附近的树丛内，地栖息鸟类。
习　性	单独在树林、灌丛中活动，跳跃式前进。机敏且胆怯。
食　性	主要以蚯蚓、昆虫等为食。

 小知识　传说中，它披着一件 8 种颜色的"衣裳"，在深林中盘旋歌唱，神秘而高贵，因而得名"八色鸫"。

小云雀

Alauda gulgula

居留类型　留鸟
濒危等级　无危（LC）

别　　名	朝天柱、百灵。
外观特征	雌雄同型。小型鸟类。体长 16~18 cm。体上大致黄褐色，上身有黄棕色条纹，白色尾羽，短发冠，眉纹略为浅色。脚肉色。
生　　境	栖息于长有短草的开阔地区。
习　　性	常快速冲入天空，展翅高歌之后落地。雄鸟常悬停在半空歌唱，吸引伴侣。
食　　性	主要以昆虫为食，也偶尔吃点植物果实和种子。

 小知识　小云雀以美妙高亢歌声闻名鸟界。鲁迅的《三味书屋》中的朝天子，说的就是小云雀。

雀形目 PASSERIFORMES 燕科 Hirundinidae

家燕

Hirundo rustica

居留类型 夏候鸟
濒危等级 无危（LC）

▲ 叼泥筑巢

▲ 幼鸟

别　　名　燕子。

外观特征　雌雄同型。小型鸟类。体长 16~20 cm。上体黑色具蓝绿色光泽。额头、喉、上胸栗红色，下胸和腹白色。尾长，呈深分叉状。

生　　境　栖息于人类居住环境。成对栖息于屋檐，衔泥筑巢。

习　　性　各自觅食。在高空滑翔及盘旋，或者低飞在水面上捕捉小昆虫。

食　　性　主要以昆虫为食。

　小知识　在中国，家燕是深受人们喜欢的一种鸟。自古以来，人们就有保护家燕的习俗和传统，认为家燕来家里筑巢会给家庭带来幸运和吉祥。

左雌鸟，右雄鸟

061 雀形目 PASSERIFORMES 燕科 Hirundinidae

金腰燕

Cecropis daurica

居留类型 夏候鸟
濒危等级 无危（LC）

▲ 叼泥筑巢

▲ 育雏

别　　名	赤腰燕。

别　　名　赤腰燕。

外观特征　雌雄同型。小型鸟类。体长 17~19 cm。上体黑蓝色具光泽。眉纹、后颈及腰部橘黄色。颊、喉、胸、腹白色具有黑色羽干纹。尾长，呈深分叉状。

生　　境　栖息于低山及平原的居民点附近，降落在柱子及电线上。衔泥筑巢于村民屋檐下。

习　　性　各自觅食。在高空滑翔及盘旋，或者低飞在水面上捕捉小昆虫。

食　　性　主要以昆虫为食。

 小知识　家燕和金腰燕都是广东常见的 2 种夏候鸟。除了外形有差异之外，它们的巢形也有区别，家燕的窝呈敞口碗形，而金腰燕的窝呈葫芦形，具有狭窄隧道状入口。

黄鹡鸰

Motacilla tschutschensis

居留类型　冬候鸟

濒危等级　无危（LC）

外观特征	雌雄略异。小型鸟类。体长 15~18 cm。头顶蓝灰色，上体橄榄绿色，具黄白色眉纹，飞羽黑褐色具黄白色羽缘，尾黑褐色。下体黄色，尾较短。
生　境	栖息于稻田、荷塘、沼泽等水域岸边及草地。
习　性	多成对或小群活动，常边飞边"唧、唧"地鸣叫，呈波浪式前进。
食　性	主要以昆虫为食。

雌鸟

063 雀形目 PASSERIFORMES 鹡鸰科 Motacillidae

灰鹡鸰

Motacilla cinerea

居留类型 冬候鸟
濒危等级 无危（LC）

▲ 雌鸟

▲ 雄鸟

别　　名　灰鸰、马兰花儿。

外观特征　雌雄略异。小型鸟类。体长 16~19 cm。上体暗灰色，眉纹白色。腰和尾上覆羽黄绿色，飞羽黑褐色具白色翼斑。下体灰色带黄，尾较长。雄鸟喉部黑色，雌鸟喉部白色。

生　　境　栖息于山涧溪流、河流、湖泊等水域岸边。

习　　性　单独或成对活动，尾不断上下摆动，边飞边"唧、唧"地鸣叫，呈波浪式前进。

食　　性　主要以昆虫为食，也吃其他无脊椎小动物。

雀形目 PASSERIFORMES 鹡鸰科 Motacillidae

白鹡鸰

Motacilla alba

居留类型 留鸟

濒危等级 无危（LC）

别　　名	白颤儿、白面鸟。
外观特征	雌雄相似。小型鸟类。体长 17~19 cm。整体羽毛黑白两色。常见 2 个亚种：一种有黑色贯眼线，一种无贯眼线。两个亚种胸部都有黑色斑块。
生　　境	栖息于水塘、河流、稻田、湖泊等水域岸边。
习　　性	单独或成对活动，尾不断上下摆动，边飞边"唧、唧"地鸣叫，呈波浪式前进。
食　　性	主要以昆虫为食，也吃植物果实和种子。

雀形目 PASSERIFORMES 鹡鸰科 Motacillidae

树鹨

Anthus hodgsoni

居留类型 冬候鸟
濒危等级 无危（LC）

别　　名　地麻雀、木鹨。

外观特征　雌雄同型。小型鸟类。体长 15~17 cm。上体橄榄绿色，具褐色纵纹，具黄白色眉纹，耳后有一黄白色斑。下体浅黄色，胸部有显著的黑褐色纵纹。

生　　境　栖息于低山丘陵和山脚平原草地。

习　　性　常活动在林缘、路边等地。多在地面觅食，受惊后立刻飞到附近树上。

食　　性　主要以昆虫为食，也吃植物果实和种子。

雌鸟

暗灰鹃鵙（jú）

Lalage melaschistos

居留类型　夏候鸟
濒危等级　无危（LC）

别　　　名　黑翅山椒鸟。

外观特征　雌雄略异。中型鸟类。体长 20~24 cm。
雄鸟青灰色，两翼亮黑色，尾下覆羽白
色，尾羽黑色，三枚侧尾羽的羽尖白色。
雌鸟色浅，下体及耳羽具白色横斑，白
色眼圈不完整，翼下通常具一小块白斑。

生　　　境　栖息于开阔林地及林缘。

习　　　性　在树上筑碗状巢，有迁徙行为。

食　　　性　主要以昆虫为食，也吃蜘蛛和少量植物
果实和种子。

雄鸟

赤红山椒鸟

Pericrocotus speciosus

居留类型　留鸟
濒危等级　无危（LC）

别　　名　红十字鸟。

外观特征　雌雄异型。中型鸟类。体长 17~22 cm。
雄鸟的头、喉及上背蓝黑色，胸、腹部、
腰、尾羽羽缘及翼上的两道斑纹红色。
雌鸟背部多灰色，以黄色替代雄鸟的红
色，且黄色延至喉、颏、耳羽及额头。

生　　境　栖息于海拔 2100 m 以下山地和平原的
季雨林、次生林，也见于稀树草地或开
垦的耕地。

习　　性　多小群活动，边叫边飞。

食　　性　主要以昆虫为食，也吃植物果实和种子。

◀ 雌鸟

雄鸟

雀形目 PASSERIFORMES 山椒鸟科 Campephagidae

▲ 雌鸟

灰喉山椒鸟

Pericrocotus solaris

居留类型 留鸟
濒危等级 无危（LC）

别　　名　十字鸟。

外观特征　雌雄异型。中型鸟类。体长 17~19 cm。
雄鸟橙红色，喉及耳羽暗深灰色，下背
及尾上覆羽、胸部以下均为橙红色。雌
鸟黄色，身体灰色部分较淡，其他部位
以鲜黄色替代雄鸟的橙红色部分。

生　　境　栖息于低山丘陵和山脚平原的次生阔叶
林和季雨林中。

习　　性　多小群活动，边叫边飞，有时跟赤红山
椒鸟混群。

食　　性　杂食性。主要以昆虫为食，也吃少量植
物果实和种子。

🐦 小知识　灰喉山椒鸟和赤红山椒鸟的主要区
别为其翼斑上为清晰的"7"字形。

领雀嘴鹎

Spizixos semitorques

居留类型 留鸟
濒危等级 无危（LC）

别　　名　青冠雀。

外观特征　雌雄同型。中型鸟类。体长 21~23 cm。厚重的嘴象牙色，具短羽冠，羽冠比凤头雀嘴鹎略短些，头及喉灰黑色，颈背灰色。特征为喉白色，嘴基周围白色，脸颊白色细纹，尾绿色而尾端黑色。

生　　境　栖息于次生植被及灌丛。

习　　性　多小群活动，喜站立电线上。

食　　性　杂食性。主要以昆虫为食，也吃植物果实和种子。

▲ 筑巢　　　　　▲ 雏鸟

红耳鹎

Pycnonotus jocosus

居留类型 留鸟
濒危等级 无危（LC）

别　　　名	高冠鸟。
外观特征	雌雄同型。中型鸟类。体长 19~22 cm。有黑色耸立的羽冠。眼下方有一红斑，其下又有一白斑。上体及颈两侧棕褐色，喉及下体白色。尾下覆羽橘红色。
生　　　境	栖息于低山和丘陵的树林、村落、山脚平原、田地及城镇公园。
习　　　性	多小群活动，不惧怕人，吵闹，常站树上鸣叫。
食　　　性	杂食性。主要以昆虫及植物果实、种子为食。

▲ 卵

▲ 雏鸟

白头鹎

Pycnonotus sinensis

居留类型   留鸟
濒危等级   无危（LC）

别　　名	白头翁。
外观特征	雌雄同型。中型鸟类。体长 18~20 cm。头、嘴、脚黑色。眼后至枕部有白斑，故别名"白头翁"。喉白色，上体橄榄灰绿色，飞羽及尾羽黑褐色具黄绿色羽缘，下体灰白色。
生　　境	栖息于低山和丘陵的树林、村落、山脚平原、田地及城镇公园。
习　　性	多小群活动，不惧怕人，吵闹，常站树上鸣叫。
食　　性	杂食性。主要以昆虫及植物果实、种子为食。

白喉红臀鹎

Pycnonotus aurigaster

居留类型　留鸟
濒危等级　无危（LC）

▲ 雏鸟

外观特征　雌雄同型。中型鸟类。体长 18~21 cm。头部黑色，有短羽冠。喉白色。上体灰褐色，飞羽及尾羽棕褐色，下体白色。尾下覆羽橘红色。

生　　境　栖息于林缘、次生林、开阔林地、草坡及公园。

习　　性　多小群活动，不惧怕人，吵闹，常与其他鹎类混群。

食　　性　杂食性。主要以昆虫及植物果实、种子为食。

雀形目 PASSERIFORMES 鹎科 Pycnonotidae

栗背短脚鹎

Hemixos castanonotus

居留类型 留鸟
濒危等级 无危（LC）

外观特征　雌雄同型。中型鸟类。体长 22 cm。上体栗褐色，头顶黑色并略具羽冠，喉、腹及臀部偏白色，胸及两胁浅灰色，两翼及尾灰褐色，覆羽及尾羽边缘绿黄色。

生　　境　栖息于次生阔叶林、林缘灌丛和稀树草坪灌丛。

习　　性　多小群活动，不惧怕人，常与绿翅短脚鹎混群。

食　　性　杂食性。主要以昆虫及植物果实、种子为食。

074 雀形目 PASSERIFORMES 鹎科 Pycnonotidae

绿翅短脚鹎

Ixos mcclellandii

居留类型 留鸟

濒危等级 无危（LC）

外观特征	雌雄同型。中型鸟类。体长 21~24 cm。褐色羽冠，短而蓬松，夹杂白色细纹，颈背及上胸棕色，喉偏白色并具纵纹，背、两翼及尾偏绿色，腹及臀偏白色。
生　境	栖息于次生阔叶林、混交林，以及村寨附近的竹林、杂木林。
习　性	有时大群活动，常与栗背短脚鹎混群。
食　性	杂食性。主要以昆虫及植物果实、种子为食。

白头型

黑短脚鹎

Hypsipetes leucocephalus

居留类型　留鸟

濒危等级　无危（LC）

▲ 白头型

别　　名	黑鹎、山白头。
外观特征	二型鸟。中型鸟类。体长 24~27 cm。尾略分叉，嘴、脚及眼呈亮红色。有 2 种色型，一种是通体黑色，另一种是头、颈和上胸白色，余部黑色。
生　　境	栖息于次生阔叶林、混交林，以及开阔的村庄、山谷。
习　　性	有时大群活动，活跃于树冠顶层。常见白头型和黑头型同群。
食　　性	杂食性。主要以昆虫及植物果实、种子为食。

雄鸟

076 雀形目 PASSERIFORMES 叶鹎科 Chloropseidae

▲ 雄鸟

▲ 雌鸟

▲ 雌鸟

橙腹叶鹎

Chloropsis hardwickii

居留类型 留鸟
濒危等级 无危（LC）

外观特征		雄雌异型。中型鸟类。体长 18~20 cm。雄鸟色彩鲜艳，上体绿色，下体浓橘黄色，两翼及尾紫蓝色，脸罩及胸兜紫黑色，髭纹蓝色。雌鸟身体绿色，髭纹蓝色，腹部中央有一道狭窄的红褐色条纹。
生	境	栖息于山地、开阔的混交林、阔叶林中。
习	性	性情活跃，常模仿其他鸟的叫声。
食	性	主要以昆虫为食，偶尔也吃植物花蜜、果实和种子。

雀形目 PASSERIFORMES 伯劳科 Laniidae

棕背伯劳

Lanius schach

居留类型 留鸟
濒危等级 无危（LC）

▲ 黑化型

▲ 黑化型

别　　名　黄伯劳。

外观特征　雄雌同型。中型鸟类。体长 23~28 cm。嘴粗，黑色，上嘴尖端弯钩状。头顶至上背灰黑色，背部棕红色。黑色贯眼纹，喉白色。翼、尾黑色，下体浅棕色。偶见深色型（黑化）。

生　　境　栖息于草地、灌丛、茶林等开阔地方。

习　　性　常站立在树顶或电线上，俯视地面，寻找猎物。会模仿别的鸟种叫声。

食　　性　主要以昆虫、小鸟、蛙、蜥蜴等动物为食，亦会残杀其他中小体型鸟类。

 小知识　　　性情凶猛，素有"小屠夫"之称。经常将捕食回来的蜥蜴、青蛙等刺穿挂树枝上，慢慢享用。

雀形目 PASSERIFORMES 卷尾科 Dicruridae

黑卷尾

Dicrurus macrocercus

居留类型 夏候鸟
濒危等级 无危（LC）

别　　名　铁燕子、龙尾燕。

外观特征　雄雌同型。中型鸟类。体长27~30 cm。通体黑色，带蓝色金属光泽。嘴小，尾长而叉深，末端向上曲而微卷。
　　　　　亚成鸟下体上部具有白色横纹。

生　　境　栖息于山坡、平原、丘陵地带的阔叶林。

习　　性　常成对或集成小群活动。动作敏捷，边飞边叫，还能模仿其他鸟叫。

食　　性　主要以昆虫为食。

079 雀形目 PASSERIFORMES 椋鸟科 Sturnidae

八哥

Acridotheres cristatellus

（居留类型） 留鸟
（濒危等级） 无危（LC）

别　　名	了哥。
外观特征	雄雌同型。中型鸟类。体长 24~26 cm。通体黑色，带金属光泽。前额有竖直的冠状羽簇，翅膀上有白色斑翼，外侧尾羽具白色端。飞行时候，两翼白斑明显可见，如同"八"字。嘴、脚黄色。
生　　境	小群活动于山脚平原、草坡、田地及公园。
习　　性	常成对或集成小群活动。不惧怕人，还能模仿其他鸟叫。
食　　性	性杂食。主要以昆虫为食，也吃植物的果实和种子。

 小知识　　八哥善于模仿其他鸟鸣叫，甚至能学人语，之前常被人捕捉驯化为笼鸟宠物饲养。

筑巢

雀形目 PASSERIFORMES 椋鸟科 Sturnidae

黑领椋鸟

Gracupica nigricollis

居留类型 留鸟
濒危等级 无危（LC）

▲ 筑巢

别　　名	白头椋鸟。
外观特征	雄雌同型。中型鸟类。体长 27~31 cm。眼周裸露的皮肤黄色，具有黑色的宽阔领环。背部黑色，翼上羽毛黑白斑驳，下体白色。
生　　境	栖息于山脚平原、草地、农田、荒地、草坡等开阔地带。
习　　性	常小群活动。不惧怕人，叫声响亮嘈杂。
食　　性	性杂食。主要以昆虫为食，也吃蚯蚓、蜘蛛及植物果实和种子。

 小知识　　黑领椋鸟筑巢选用材料极其随意，会叼烂布条、塑料袋、枯叶甚至人类废弃的衣架子回来筑巢。常被杜鹃科的鸟类所寄生，替其孵蛋及养育雏鸟。

▲ 被噪鹃寄生

红嘴蓝鹊

Urocissa erythroryncha

| 居留类型 | 留鸟 |
| 濒危等级 | 无危（LC） |

别　　　名	长尾山鹊。
外观特征	雄雌同型。大型鸟类。体长 55~65 cm。嘴、脚红色。头、颈、喉及胸黑色，头顶灰白色斑。上头蓝灰色，下体灰白色。尾巴蓝色且长，有白色端斑。
生　　　境	栖息于低海拔阔叶林、混交林等林缘地带。
习　　　性	常小群活动。不惧怕人，叫声响亮嘈杂。
食　　　性	性杂食。主要以昆虫为食，也吃蚯蚓、蜘蛛及植物果实和种子。

 小知识　领地意识非常强，特别是繁殖期间，常主动驱赶靠近鸟巢的其他动物。常会被杜鹃科的鸟类如噪鹃等所寄生，替其孵蛋及养育雏鸟。

082 雀形目 PASSERIFORMES 鸦科 Corvidae

灰树鹊

Dendrocitta formosae

居留类型 留鸟
濒危等级 无危（LC）

外观特征　雄雌同型。大型鸟类。体长 36~40 cm。颈背黑色，上背褐色，下体灰色，臀部棕红色，具甚长楔形尾，尾黑色，或黑色而中央尾羽灰色，黑色翼上有一小白色斑。

生　　境　栖息于低海拔阔叶林、混交林等林缘地带和灌丛。

习　　性　常小群活动。喜群体吵闹，粗哑，有时跟其他种类鸟混群。

食　　性　性杂食。主要以植物果实、种子为食，也食昆虫、鸟卵和其他动物尸体。

083 雀形目 PASSERIFORMES 鸦科 Corvidae

▲ 鸟巢

喜鹊

Pica pica

居留类型 留鸟
濒危等级 无危（LC）

别　　名	客鹊。
外观特征	雌雄同型。大型鸟类。体长 45~50 cm。通体黑色并具有紫蓝色光泽，额、喉黑色，腹部白色，长尾黑绿色，两翼黑色，有白色斑。
生　　境	栖息于郊野、村庄、公园。适应性强。鸟巢粗糙，多用树枝搭建成圆拱形，多年不变。
习　　性	常小群活动。叫声粗哑，地面取食。
食　　性	性杂食。主要以植物果实、种子为食，也食昆虫、鸟卵。

大嘴乌鸦

Corvus macrorhynchos

居留类型　留鸟
濒危等级　无危（LC）

别　　　名　老鸦、巨嘴鸦。

外观特征　雄雌同型。大型鸟类。体长 45~60 cm。
　　　　　全身通黑，羽具有金属光泽。嘴甚粗厚，
　　　　　嘴峰弯曲，嘴基有长羽，额头明显向上
　　　　　呈拱圆形，长尾楔形。

生　　境　栖息于山地阔叶林、混交林等林缘地带，
　　　　　喜在村落周围活动。

习　　性　常小群活动。叫声单调粗犷。有时跟小
　　　　　嘴乌鸦混群。

食　　性　性杂食。主要以植物果实、种子为食，
　　　　　也食昆虫和其他。

雌鸟

雀形目 PASSERIFORMES 鹟科 Muscicapidae

日本歌鸲

Larvivora akahige

居留类型　冬候鸟、旅鸟
濒危等级　无危（LC）

▲ 雌鸟

▲ 雄鸟

外观特征　雄雌略异。小型鸟类。体长 14~15 cm。上体褐色，脸及胸橘黄色，两胁近灰色。雄鸟具狭窄的黑色顶纹环绕橘黄色胸围形斑。雌鸟跟雄鸟相似，但羽色较淡。

生　　境　越冬时多见于混交林的潮湿下木间，偶遇于低地。

习　　性　非常罕见的冬候鸟，叫声响亮，带颤音"zi be be be"，尾重复抽动。

食　　性　性杂食。主要以植物果实、种子为食，也食昆虫和其他。

雄鸟

雀形目 PASSERIFORMES 鹟科 Muscicapidae

▲ 雄鸟

▲ 雌鸟

▲ 雌鸟

红胁蓝尾鸲

Tarsiger cyanurus

居留类型 冬候鸟
濒危等级 无危（LC）

别　　名	蓝尾欧鸲。
外观特征	雄雌略异。小型鸟类。体长 13~14 cm。雄鸟上体蓝色，眉纹白色，中央一对尾羽灰蓝色具有蓝色羽缘。雌鸟上体橄榄褐色，腰和尾上覆羽灰蓝色，喉部褐色且有白色中线。
生　　境	栖息于湿润山地森林及次生林的林下低处和城镇、公园。
习　　性	多单独或成对活动。多在林下灌丛觅食，停歇时常上下摆尾。
食　　性	主要以昆虫为食，也食少量植物食物。

雌鸟

087 雀形目 PASSERIFORMES 鹟科 Muscicapidae

▲ 雄鸟

▲ 雄鸟

▲ 雌鸟

鹊鸲

Copsychus saularis

居留类型 留鸟

濒危等级 无危（LC）

别　　名	屎缸叼、猪屎渣。
外观特征	雄雌略异。小型鸟类。体长 18~20 cm。雄鸟上体及喉、胸部为金属蓝黑色，腹白色，翼黑色带白斑，尾羽黑白相间。雌鸟似雄鸟，黑色部分以暗灰色替代。
生　　境	栖息于林缘和灌丛，尤喜民居附近的灌丛里及路边。
习　　性	多单独或成对活动。不怕人。雄鸟在清晨或黄昏喜欢站屋顶上放声鸣唱。
食　　性	性杂食。主要以昆虫及植物果实、种子为食。

雄鸟

▲ 雄鸟   ▲ 雌鸟

▲ 雌鸟

北红尾鸲

Phoenicurus auroreus

居留类型   冬候鸟

濒危等级   无危（LC）

别　　名	红尾溜。
外观特征	雌雄相异。小型鸟类。体长 14~15 cm。雄鸟头部羽毛银灰色，上体、脸颊及喉黑色，有白色翼斑，下体及尾部橙棕色。雌鸟整体橄榄褐色，翼斑白色，尾部橙棕色。
生　　境	栖息于林缘、河谷灌丛及路边。
习　　性	单独活动。不怕人。停歇时尾巴上下抖动，喜欢飞一圈后回到原处。
食　　性	主要以昆虫为食。

雄鸟

089   雀形目 PASSERIFORMES 鹟科 Muscicapidae

红尾水鸲

Rhyacornis fuliginosa

居留类型 留鸟
濒危等级 无危（LC）

▲ 雌鸟

▲ 左雄右雌

别　　名	铅色水鸲、溪红尾鸲。
外观特征	雄雌相异。小型鸟类。体长 12~13 cm。雄鸟腰、臀及尾栗褐色，其余部位深青石蓝色。雌鸟上体灰色，下体具鳞状斑纹，腰、臀及外侧尾羽基部白色，余部黑色，翅膀黑色。
生　　境	栖息于山地溪流与河谷沿岸，或水中岩石上。
习　　性	单独或成对活动。停立时尾巴上下抖动，炫耀时常把尾扇开。
食　　性	主要以昆虫为食，也食少量的植物果实和种子。

雀形目 PASSERIFORMES 鹟科 Muscicapidae

白冠燕尾

Enicurus leschenaulti

居留类型 留鸟
濒危等级 无危（LC）

▲ 亚成鸟

别　　名	白额燕尾。
外观特征	雄雌相同。中型鸟类。体长 25~28 cm。通体黑白相杂，额和头顶前部白色，其余头、颈、背、颊、喉黑色。腰和腹白色，两翅黑褐色并具白色翅斑。尾黑色具白色端斑，整个尾部呈黑白相间。
生　　境	栖息于山涧溪流与河谷沿岸。
习　　性	单独或成对活动。性胆怯，平时多停息在水边，或在浅水处觅食。
食　　性	主要以水生昆虫及其他昆虫的幼虫为食。

雀形目 PASSERIFORMES 鹟科 Muscicapidae

灰背燕尾

Enicurus schistaceus

居留类型 留鸟
濒危等级 无危（LC）

别　　名　中国灰背燕尾。

外观特征　雄雌相同。中型鸟类。体长 22~25 cm。头顶及背灰色，喉部以下身体白色，翼上有小块白色点斑。嘴黑色，脚粉红色，尾黑色具白色端斑，整个尾部呈黑白相间。

生　　境　栖息于山涧溪流与河谷沿岸。

习　　性　单独或成对活动。叫声高而尖，金属声，似"teenk"。

食　　性　主要以水生昆虫及其他昆虫的幼虫为食。

雄鸟

雀形目 PASSERIFORMES 鹟科 Muscicapidae

▲ 雌鸟

▲ 雌鸟

▲ 雄鸟

黑喉石䳭

Saxicola maurus

居留类型 冬候鸟
濒危等级 无危（LC）

别　　名	东亚石䳭。
外观特征	雄雌相异。小型鸟类。体长 12~14 cm。雄鸟上体黑褐色，腰白色，颈侧和肩有白斑，喉黑色，胸部棕红色，腹部浅棕色。雌鸟上体灰褐色，颈侧及喉浅棕色。
生　　境	栖息于林缘、河谷灌丛及路边。
习　　性	单独活动。常停立在突出的树枝上，然后突然跃下地面捕食。
食　　性	性杂食。主要以昆虫、蚯蚓及植物果实、种子为食。

雀形目 PASSERIFORMES 鹟科 Muscicapidae

紫啸鸫

Myophonus caeruleus

居留类型 留鸟
濒危等级 无危（LC）

别　　名　乌精。

外观特征　雄雌同型。中型鸟类。体长 29~35 cm。全身深紫蓝色，具细小的闪亮蓝白色点斑。

生　　境　栖息于临河流、溪流或密林中的岩石处。

习　　性　单独活动，尾部常扇形打开。叫声尖锐刺耳"滋——"，领地意识强。

食　　性　性杂食。主要以昆虫、蚯蚓及植物果实、种子为食。

094　雀形目 PASSERIFORMES 鹟科 Muscicapidae

灰纹鹟

Muscicapa griseisticta

居留类型　旅鸟
濒危等级　无危（LC）

别　　名	斑胸鹟。
外观特征	雌雄同型。小型鸟类。体长 13~14 cm。眼圈白色，下体白色，胸及两胁满布深灰色纵纹。额具一狭窄的白色横带，并具狭窄的白色翼斑。翼长，几乎至尾端。嘴、脚黑色。
生　　境	栖息于密林、开阔森林及林缘，甚至城市公园的溪流附近。
习　　性	性惧生，叫声响亮悦耳，似"chipee，tee—tee"声。
食　　性	主要以昆虫为食，也吃一些植物的果实和种子。

095　　雀形目 PASSERIFORMES 鹟科 Muscicapidae

北灰鹟

Muscicapa dauurica

居留类型　冬候鸟
濒危等级　无危（LC）

别　　　名　大眼嘴儿、阔嘴鹟。

外观特征　雌雄同型。小型鸟类。体长 12~14 cm。上体灰褐色，下体偏白色，胸侧及两胁褐灰色，眼圈白色，翼尖至尾部的 1/2 处。嘴黑色，下嘴基黄色，脚黑色。

生　　　境　栖息于山脚和平原地带的阔叶林、次生林和灌丛中。

习　　　性　常单独活动。后尾常作独特的颤抖。

食　　　性　主要以昆虫为食，也吃一些植物的果实和种子。

雌鸟

096　雀形目 PASSERIFORMES 鹟科 Muscicapidae

▲ 雌鸟

▲ 雄鸟

▲ 雄鸟

红喉姬鹟

Ficedula albicilla

居留类型　冬候鸟、旅鸟

濒危等级　无危（LC）

别　　名	红胸鹟。
外观特征	雌雄略异。小型鸟类。体长 11~13 cm。体羽褐色，尾色暗，基部外侧明显白色。繁殖期雄鸟胸部橘红色沾灰毛。雌鸟及非繁殖期的雄鸟暗灰褐色，喉近白色，眼圈狭窄白色。尾及尾上覆羽黑色。嘴、脚黑色。
生　　境	栖息于针阔混交林和灌丛。
习　　性	单独或成对活动，性活跃而胆怯，常站立枝头捕捉经过的昆虫。
食　　性	主要以昆虫为食。

雌鸟

铜蓝鹟

Eumyias thalassinus

居留类型　冬候鸟
濒危等级　无危（LC）

▲ 雌鸟

▲ 雄鸟

外观特征　雌雄略异。小型鸟类。体长 15~17 cm。雄鸟通体为鲜艳的铜蓝色，眼先黑色，尾下覆羽具白色端斑。雌鸟和雄鸟大致相似，但不如雄鸟羽色鲜艳，下体灰蓝色，颏近灰白色。嘴黑色，脚近黑色。

生　　境　栖息于针阔混交林中。

习　　性　单独或成对活动，性活跃不怕人，频繁飞行于空中捕捉昆虫，叫声悦耳。

食　　性　主要以昆虫为食。

098　雀形目 PASSERIFORMES 鸫科 Turdidae

橙头地鸫

Geokichla citrina

居留类型　旅鸟
濒危等级　无危（LC）

别　　名	黑耳地鸫。
外观特征	雄雌略异。中型鸟类。体长 20~23 cm。雄鸟头、颈、背及下体深橙褐色，臀白色，上体蓝灰色，翼具白色横纹，颊上具 2 道深色的垂直斑纹。雌鸟上体橄榄灰色。
生　　境	栖息于林区。
习　　性	性羞涩，喜多阴森林，常躲在浓密植被覆盖下的地面。
食　　性	主要以昆虫为食。

雀形目 PASSERIFORMES 鸫科 Turdidae

白眉地鸫

Geokichla sibirica

居留类型 旅鸟
濒危等级 无危（LC）

别　　名	白眉麦鸡。
外观特征	雄雌略异。中型鸟类。体长 20~23 cm。雄鸟石板灰黑色，眉纹白色，尾羽羽端及臀白色。雌鸟橄榄褐色，下体皮黄白色及赤褐色，眉纹皮黄白色。
生　　境	栖息于森林地面及树间。
习　　性	多单独，有时结群，性活泼。
食　　性	主要以昆虫为食。

雀形目 PASSERIFORMES 鸫科 Turdidae

虎斑地鸫

Zoothera aurea

居留类型　旅鸟
濒危等级　无危（LC）

外观特征　雌雄同型。中型鸟类。体长 24~30 cm。头及上体具有金褐色和黑色的鳞状斑纹，下体白色而具黑色鳞斑状，脚肉色。

生　　境　栖息于森林地面及树间。

习　　性　多单独，觅食于植被底层，隐蔽色极好。

食　　性　主要以昆虫为食。

雌鸟

▲ 雄鸟

灰背鸫

Turdus hortulorum

居留类型 冬候鸟
濒危等级 无危（LC）

外观特征 雌雄略异。中型鸟类。体长 20~24 cm。雄鸟上体全灰色，喉灰或偏白色，胸灰色，腹中心及尾下覆羽白色，两胁及翼下橘黄色。雌鸟上体褐色较重，喉及胸白色，胸侧及两胁具黑色点斑。

生　　境 地栖性，多栖息于海拔 1500 m 以下的低山丘陵地带的茂盛森林中。

习　　性 常单独或成对活动。善于在地上跳跃行走及觅食。

食　　性 主要以昆虫为食，也吃蚯蚓及一些植物果实和种子等。

雄鸟

雀形目 PASSERIFORMES 鸫科 Turdidae

乌灰鸫

Turdus cardis

居留类型 冬候鸟
濒危等级 无危（LC）

▲ 幼鸟

▲ 雄鸟亚成鸟

别　　名　日本灰鸫。

外观特征　雌雄略异。中型鸟类。体长 21~22 cm。雄鸟上体纯黑灰色，头及上胸黑色，下体余部白色，腹部及两胁具黑色点斑。雌鸟上体灰褐色，下体白色，上胸具有偏灰色的横斑，胸侧及两胁沾赤褐色，胸及两侧具黑色点斑。

生　　境　栖息于落叶林，藏身于稠密植物丛及树林。

习　　性　常单独活动。甚羞怯，叫声圆润而带长长的颤音。

食　　性　主要以昆虫为食，也吃蚯蚓及一些植物果实和种子等。

乌鸫

Turdus merula

居留类型 留鸟
濒危等级 无危（LC）

 ▲ 亚成鸟

别　　名	黑鸫、百舌。
外观特征	雌雄略异。中型鸟类。体长 28~29 cm。雄鸟全黑色，嘴橘黄色，眼圈黄色，脚黄色。雌鸟上体黑褐色，下体深褐色，嘴暗绿黄色至黑色，眼圈颜色略淡。
生　　境	栖息于林地、城镇边缘、平原草地或果园里。
习　　性	常结群。地面取食，在树叶中翻找食物。鸣声嘹亮动听，善于模仿其他鸟鸣。
食　　性	主要以昆虫为食，也吃蚯蚓及一些植物果实和种子等。

 小知识　　乌鸫是瑞典的国鸟。同时，有一支欧洲乐队就是用乌鸫来命名，叫 Black Bird。

白眉鸫

Turdus obscurus

居留类型 冬候鸟
濒危等级 无危（LC）

外观特征 雌雄略异。中型鸟类。体长 22~24 cm。过眼眉纹白色，上体橄榄褐色，头深灰色，眉纹白色，胸带褐色，腹白色而两侧沾赤褐色。

生　　境 栖息于针阔叶混交林、针叶林、河谷等水域附近茂盛的低矮混交林。

习　　性 常小群活动。性喧闹活泼，温驯而好奇。

食　　性 主要以昆虫为食，也吃一些植物的果实和种子。

黑脸噪鹛

Garrulax perspicillatus

居留类型	留鸟
濒危等级	无危（LC）

▲ 育雏

别　　名	七姐妹。
外观特征	雌雄同型。中型鸟类。体长 27~32 cm。头顶至后颈暗灰色，额、眼周、耳羽黑色。上体灰褐色，下体棕白色，尾下覆羽棕黄色。额及眼罩黑色，犹如戴了一副墨镜。
生　　境	栖息于浓密灌丛、竹林、田地及城镇公园。
习　　性	小群活动，性喧闹嘈杂，多地面取食。
食　　性	主要以昆虫及植物果实、种子为食。

黑领噪鹛

Garrulax pectoralis

居留类型 留鸟

濒危等级 无危（LC）

 小知识

黑领噪鹛跟小黑领噪鹛的区别：黑领噪鹛眼先浅色，初级覆羽深，黑色胸带常断裂，体型较大。小黑领噪鹛的眼先黑色，耳羽灰白色，黑色胸带较为完整，体型较小。

别　　名	领笑鸫。
外观特征	雌雄同型。中型鸟类。体长 27~35 cm。上体棕褐色，眉纹、颏、颊、喉白色，耳羽黑色，有黑色颊纹及胸带，下体棕白色，头、胸部具复杂的黑白色图纹。
生　　境	栖息于低山丘陵、林缘灌丛中。
习　　性	小群活动。可作长距离的滑翔。常与其他噪鹛混群。
食　　性	主要以昆虫及植物果实、种子为食。

小黑领噪鹛

Garrulax monileger

居留类型　留鸟
濒危等级　无危（LC）

外观特征　雌雄相似。中型鸟类。体长 24~32 cm。上体棕橄榄褐色，后颈有一宽的橙棕色领环，一条细长的白色眉纹在黑色贯眼纹衬托下极为醒目，眼先黑色，耳羽灰白色，下体白色，横贯一条黑色项纹。

生　　境　栖息于低山丘陵、林缘灌丛中。

习　　性　小群活动。多在地面觅食，见人立刻潜入密林深处。有时也可以见到一只接一只鱼贯飞行穿越林间空地。

食　　性　主要以昆虫及植物果实、种子为食。

画眉

Garrulax canorus

居留类型　留鸟
濒危等级　无危（LC）

别　　名	金画眉。
外观特征	雌雄同型。中型鸟类。体长 21~25 cm。上体橄榄褐色，眼圈白色并向眼后延伸。头、颈、胸及背部有黑褐色羽干纹，下体棕黄色，腹部中央污灰色。国家二级保护野生动物。
生　　境	栖息于低山丘陵、林缘灌丛中。
习　　性	小群活动。多在地面觅食，善鸣唱，歌声动听。
食　　性	主要以昆虫及植物果实、种子为食。

🐦 小知识　眼圈白色，向后延伸呈一窄线至颈侧，状如眉纹，因此得名"画眉"。善于鸣唱，歌喉婉转，动听。广州市市鸟。

▲ 筑巢

白颊噪鹛

Pterorhinus sannio

居留类型 留鸟
濒危等级 无危（LC）

别　　名	土画眉。
外观特征	雌雄同型。中型鸟类。体长 22~24 cm。尾下覆羽棕色，花脸，黄白色的脸部图纹由眉纹和眼后纹隔开所形成。嘴褐色，脚灰褐色。
生　　境	栖息于浓密灌丛、竹林、芦苇地、田地及城镇公园。
习　　性	小群活动。多在地面觅食，鸣声嘈杂，经久不息。
食　　性	主要以昆虫及植物果实、种子为食。

雀形目 PASSERIFORMES 噪鹛科 Leiothrichidae

红嘴相思鸟

Leiothrix lutea

居留类型 留鸟
濒危等级 无危（LC）

别　　名　相思鸟。

外观特征　雌雄同型。小型鸟类。体长 14~16 cm。具有显著的红色嘴，上体橄榄绿色，眼周有黄色块斑，下体橙黄色，尾近黑色而略分叉，翼略黑色，红色和黄色的羽缘在歇息时成明显的翼纹。国家二级保护野生动物。

生　　境　栖息于低山丘陵及山脚平原地带的矮树丛及灌丛中。

习　　性　小群活动。性吵嚷，有时也跟其他小鸟混群活动。

食　　性　主要以昆虫为食，也食少量植物果实和种子。

红头穗鹛

Cyanoderma ruficeps

居留类型 留鸟
濒危等级 无危（LC）

别　　名　红顶穗鹛。

外观特征　雌雄同型。小型鸟类。体长 11~13 cm。
　　　　　顶冠棕色，上体暗灰橄榄色，眼先暗黄
　　　　　色，喉、胸及头侧沾黄色，下体黄橄榄色，
　　　　　喉部具黑色细纹。嘴黑色，脚棕绿色。

生　　境　栖息于森林、灌丛及竹林。

习　　性　单独或成对活动。在林下或林缘灌丛枝
　　　　　叶间跳上跳下觅食。叫声四声连贯。

食　　性　主要以昆虫及植物果实、种子为食。

雀形目 PASSERIFORMES 鹛科 Cyanoderma

华南斑胸钩嘴鹛

Erythrogenys swinhoei

居留类型 留鸟
濒危等级 无危（LC）

外观特征	雌雄同型。中型鸟类。体长21~25 cm。无浅色眉纹，脸颊棕色。胸部具有浓密的黑色点斑或纵纹。嘴灰褐色，脚肉褐色。
生　　境	栖息于林下灌丛、棘丛及林缘地带。
习　　性	双重唱。雄鸟发出响亮的叫声"queue pee"，雌鸟立刻回以叫声"quip"。
食　　性	主要以昆虫及植物果实、种子为食。

▲ 求偶

棕颈钩嘴鹛

Pomatorhinus ruficollis

居留类型 留鸟
濒危等级 无危（LC）

别 名	小钩嘴鹛。
外观特征	雌雄同型。中型鸟类。体长 16~19 cm。栗色颈圈，长眉纹白色，眼先黑色，喉白色，胸部有栗色纵纹，特征显著。上嘴黑色，下嘴黄色，脚铅褐色。
生 境	栖息于林下灌丛、棘丛及林缘地带。
习 性	性活泼，胆怯怕人。喜双重唱。雄鸟发出响亮的 2~3 叫声，雌鸟有时以尖声回应。
食 性	主要以昆虫及植物果实、种子为食。

雀形目 PASSERIFORMES 绣眼鸟科 Zosteropidae

暗绿绣眼鸟

Zosterops simplex

居留类型 留鸟

濒危等级 无危（LC）

▲ 鸟巢

别 名	白眼眶、绣眼儿。
外观特征	雌雄相似。小型鸟类。体长 10~12 cm。上体暗绿色，眼周有白色眼眶。下体灰白色，喉部和尾下覆羽黄色。飞羽及尾羽黑褐色。
生 境	栖息于林缘、城镇、公园。
习 性	成群活动，性活泼而喧闹。
食 性	主要以小昆虫、小浆果及花蜜为食。

栗耳凤鹛

Staphida castaniceps

居留类型　留鸟
濒危等级　无危（LC）

▲ 啄食种子

别　　名	栗颈凤鹛。
外观特征	雌雄同型。小型鸟类。体长 12~14 cm。上体偏灰色，下体近白色，特征为栗色的脸颊延伸到后颈圈，具短冠羽，上体白色羽轴形成细小纵纹，尾深褐灰色，羽缘白色。嘴红褐色，脚粉红色。
生　　境	栖息于林中。
习　　性	小群活动，数量可达 10~20 只。常在树枝叶间跳跃，很少到地上，较少飞翔。
食　　性	主要以昆虫为食，也食植物果实和种子。

白腹凤鹛

Erpornis zantholeuca

居留类型　留鸟
濒危等级　无危（LC）

外观特征　雌雄同型。小型鸟类。体长 11~13 cm。
　　　　　上体、两翼及尾部橄榄黄绿色，冠羽突
　　　　　显，头侧及下体灰白色，尾下覆羽黄色。

生　　境　栖息于低山丘陵与河谷地带的常绿阔叶
　　　　　林与次生林中。

习　　性　小群活动，在树林的中至高层取食，常
　　　　　与其他鸟类混群。

食　　性　主要以昆虫为食，也食植物果实和种子。

117　雀形目 PASSERIFORMES 雀鹛科 Alcippedae

淡眉雀鹛

Alcippe hueti

居留类型　留鸟
濒危等级　无危（LC）

| 外观特征 | 雌雄同型。小型鸟类。体长 12~14 cm。上体褐色，头灰色，白色眼眶明显，下体灰皮黄色。 |

外观特征　雌雄同型。小型鸟类。体长 12~14 cm。上体褐色，头灰色，白色眼眶明显，下体灰皮黄色。

生　　境　栖息于常绿林及落叶林的灌丛层。

习　　性　小群活动。性吵嚷，有时也跟其他小鸟混群活动。

食　　性　主要以昆虫为食，也食植物果实和种子。

 小知识　　淡眉雀鹛是由原灰眶雀鹛的 *hueti* 亚种和 *rufescentior* 亚种分离出来作为一个独立的鸟种。

黑喉山鹪莺

Prinia superciliaris

居留类型 留鸟
濒危等级 无危（LC）

外观特征 雌雄相似。中型鸟类。体长 16~21 cm。胸部有黑色纵纹，眉纹白色，上体褐色，两胁黄褐色，腹部皮黄色，脸颊灰色，尾长，脚粉色。

生　　境 栖息于低山及山区森林的草丛和低矮植被下。

习　　性 结群活跃喧闹，有时在树叶及灌丛中跳跃，有时也在地面奔跑。

食　　性 主要以昆虫为食，也食植物果实和种子。

▲ 筑巢

▲ 育雏

黄腹山鹪莺

Prinia flaviventris

居留类型 留鸟

濒危等级 无危（LC）

别　　名	黄腹鹪莺、灰头鹪莺。
外观特征	雌雄相似。中型鸟类。体长 12~14 cm。头灰色，有时具有浅淡近白色的眉纹。喉及胸白色，下胸及腹部黄色为其特征。上体橄榄绿色。繁殖期尾较短。嘴黑褐色，脚橘黄色。
生　　境	栖息于芦苇沼泽、高草地及灌丛。
习　　性	常在芦苇丛枝头鸣叫炫耀，叫声清脆如铃声，有时鸣叫声似猫叫。
食　　性	主要以昆虫为食，也食植物果实和种子。

雀形目 PASSERIFORMES 扇尾莺科 Cisticolidae

纯色山鹪莺

Prinia inornata

居留类型 留鸟
濒危等级 无危（LC）

▲ 鸟巢

别　　名	褐头鹪莺。
外观特征	雌雄相似。中型鸟类。体长 10~12 cm。全身褐色，下体较淡，有黄白色眉线，眼黄褐色。嘴近黑色，脚粉红色。
生　　境	栖息于芦苇沼泽、玉米地、高草地及灌丛。
习　　性	结小群活动，常于树上、草茎间或飞行时鸣叫，叫声快速而重复。
食　　性	主要以昆虫为食，也食植物果实和种子。

 小知识　黄腹山鹪莺和纯色山鹪莺的主要区别：
（1）叫声。黄腹山鹪莺叫声轻柔似猫；纯色山鹪莺平缓单调，有时急促。
（2）顶冠颜色。黄腹山鹪莺具有浓重的灰色面部和顶冠；纯色山鹪莺有时顶冠不明显。
（3）下体颜色。黄腹山鹪莺的喉、胸白色，腹部黄色；纯色山鹪莺颜色较为一致的浅色。

▲ 鸟巢

▲ 鸟巢

长尾缝叶莺

Orthotomus sutorius

居留类型 留鸟

濒危等级 无危（LC）

别　　名	裁缝鸟。
外观特征	雌雄相似。小型鸟类。体长 10~14 cm。前额及头顶棕色，上体橄榄绿色，下体白色夹黄，尾巴长。擅长用大叶片缝成漏斗状鸟巢，在里面孵卵。
生　　境	常见于农田、果园、公园等环境的灌丛。
习　　性	单独活动，常在灌丛跳跃觅食，喜鸣叫。
食　　性	主要以昆虫为食。

 小知识　长尾缝叶莺擅长用植物纤维、蛛丝或人类废弃的丝线把大片叶子的边缘缝合起来，里面铺垫柔软的棉絮、草茎等形成漏斗形鸟巢，有鸟界"天才裁缝师"的美称。常被杜鹃科的鸟如杜鹃、噪鹃等寄生。

强脚树莺

Horornis fortipes

居留类型　留鸟
濒危等级　无危（LC）

别　　名　棕胁树莺、山树莺。

外观特征　雌雄同型。小型鸟类。体长 10~12 cm。
　　　　　具形长的皮黄色眉纹，下体偏白色而染
　　　　　褐黄色，胸侧、两胁及尾下覆羽尤为如
　　　　　此。嘴褐色，脚肉色。

生　　境　栖息于林下灌丛、果园、茶园、农耕地
　　　　　及村舍竹林丛中。

习　　性　单独活动，易闻其声但难见其影。

食　　性　主要以昆虫为食。

鳞头树莺

Urosphena squameiceps

居留类型 留鸟
濒危等级 无危（LC）

外观特征 雌雄同型。小型鸟类。体长 10~11 cm。
具明显的深色贯眼纹和浅色眉纹，上体
纯褐色，下体近白色，两胁及臀皮黄色，
顶冠具鳞状斑纹，因此得名"鳞头树莺"，
翼宽，尾巴短，嘴尖细，脚粉色。

生　境 栖息于海拔 1300 m 以下的针叶林及落
叶林覆盖的地面。

习　性 单独或成对活动。

食　性 主要以昆虫为食。

黄眉柳莺

Phylloscopus inornatus

居留类型　冬候鸟
濒危等级　无危（LC）

别　　　名　树串儿。

外观特征　雌雄相似。小型鸟类。体长 9~11 cm。上体橄榄绿色，头顶冠纹不明显，眉纹淡黄绿色。翅上有两道明显的近白色翼斑，胸、两胁黄绿色。下体白色。

生　　　境　栖息于山地和平原地带的林间。

习　　　性　单独或小群活动，多活动于树冠上层，从一棵树飞到另外一棵树。

食　　　性　主要以昆虫为食。

黄腰柳莺

Phylloscopus proregulus

| 居留类型 | 冬候鸟 |
| 濒危等级 | 无危（LC） |

别　　名　黄腰丝柳串儿。

外观特征　雌雄相似。小型鸟类。体长 8~10 cm。
　　　　　上体橄榄绿色，头顶冠纹淡黄绿色，眉
　　　　　纹黄绿色，腰黄色。翅上有两道白色翼
　　　　　斑，胸、两胁黄绿色。下体白色带黄绿。
　　　　　嘴黑色，嘴基橙黄色，脚粉色。

生　　境　常见于农田、果园、林缘及稀疏开阔的
　　　　　阔叶林。

习　　性　常与其他柳莺混群，在林冠层穿梭跳跃。

食　　性　主要以昆虫为食。

 小知识　黄眉柳莺跟黄腰柳莺的主要区别：黄眉柳莺虽然名为"黄眉"，但实际上眉纹是偏白色的，
　　　　　　而没有明显顶冠纹；黄腰柳莺的眉纹黄色浓粗且有顶冠纹。

雀形目 PASSERIFORMES 鸦雀科 Paradoxornithidae

棕头鸦雀

Sinosuthora webbiana

居留类型 留鸟
濒危等级 无危（LC）

别　　名　红头仔。

外观特征　雌雄同型。小型鸟类。体长 11~13 cm。头顶及两翼栗褐色，喉略具细纹，上体余部橄榄褐色。翅红棕色，尾暗褐色。喉、胸粉红色，下体余部淡黄褐色。嘴灰褐色，脚粉灰色。

生　　境　栖息于低中海拔的灌丛及林缘地带。

习　　性　小群活动，常在灌丛及小树枝叶间活动，短距离飞行，边飞边叫。

食　　性　主要以昆虫为食，也食植物果实和种子。

红头长尾山雀

Aegithalos concinnus

居留类型 留鸟

濒危等级 无危（LC）

别　　名　红顶山雀。

外观特征　雌雄同型。小型鸟类。体长10~12 cm。头顶及颈背棕红色，过眼纹宽而黑，白色的颏及喉部有一黑色大斑块，下体白色带有不同程度的栗色。嘴黑色，脚橘黄色。

生　　境　栖息于次生阔叶林、针阔混交林及果园。

习　　性　成群活动，性活泼而喧闹，常与其他鸟种比如淡眉雀鹛等混群。

食　　性　主要以昆虫为食。

远东山雀

Parus minor

居留类型 留鸟
濒危等级 无危（LC）

别	名	白脸山雀。
外观特征		雌雄同型。小型鸟类。体长 13~15 cm。头、喉黑色，两侧颊部有大块白斑。上体蓝灰色，上背草绿色，下体灰白色。胸、腹有一宽阔黑色的中央纵纹与喉部相连接。嘴、脚黑褐色。
生	境	栖息于阔叶林、林地、果园及公园。
习	性	成群活动，性活泼而喧闹，叫声清脆似"唧、唧"。
食	性	主要以昆虫为食，也吃一些植物果实。

小知识　远东山雀是从大山雀的亚种分化出来的，仅有上背部黄绿色，下体灰白色或浅黄色，比较缺少黄色色调。

雌鸟

▲ 雄鸟

黄腹山雀

Pardaliparus venustulus

居留类型 留鸟
濒危等级 无危（LC）

别　　名　黄豆崽、黄点儿。

外观特征　雌雄相异。小型鸟类。体长 10~11 cm。
雄鸟的头及胸兜黑色，颊斑及颈后点斑
白色，上体蓝灰色，腰银白色。雌鸟的
头部深灰色，喉白色，与颊斑之间有灰
色的下颊纹，眉纹略为浅色。嘴近黑色，
脚蓝灰色。

生　　境　栖息于林区。

习　　性　成小群活动。性活泼，多在树枝间跳跃
穿梭，常与其他鸟混群。

食　　性　主要以昆虫为食，也吃一些植物果实。

雄鸟

黄颊山雀

Machlolophus spilonotus

居留类型 留鸟
濒危等级 无危（LC）

▲ 雌鸟

别　　名　花奇公、催耕鸟。

外观特征　雌雄略异。小型鸟类。体长 13~15 cm。具高耸的黑色冠羽，头部具黑色及黄色斑纹。雌鸟多绿黄色，
　　　　　具两道黄色翼斑。嘴黑色，脚蓝灰色。

生　　境　栖息于山区和平原林间，在阔叶林和针叶都能听到它们的清脆叫声。

习　　性　成小群活动，性活泼，多在树枝间跳跃穿梭，常与远东山雀混群。

食　　性　主要以昆虫为食，也吃一些植物果实和种子。

雄鸟

▲ 雄鸟

▲ 雄鸟

▲ 雌鸟

红胸啄花鸟

Dicaeum ignipectus

居留类型 留鸟

濒危等级 无危（LC）

别	名	火胸啄花鸟。
外观特征		雌雄相异。小型鸟类。体长 7~9 cm。雄鸟的上体闪辉深绿蓝色，下体皮黄色，胸具猩红色的块斑，一道狭窄的黑色纵纹沿腹部而下。雌鸟黄绿色。嘴、脚黑色。
生	境	栖息于开阔的村庄、田野、山丘、山谷等次生阔叶林中。
习	性	单独或成对活动。多光顾于被桑寄生科植物的所寄生的乔木上。叫声为高音带金属声。
食	性	主要以桑寄生科的植物果实、花蜜为食，也吃一些昆虫。

 小知识　喜食桑寄生植物的花蜜和果实。吃的时候会把黏性强带胶质的果核吐出来，果核粘到树枝上或被带到其他大树上生根发芽，起到传播种子的作用。

雄鸟

▲ 雄鸟

▲ 雌鸟

▲ 雌鸟

叉尾太阳鸟

Aethopyga christinae

居留类型　留鸟
濒危等级　无危（LC）

别　　　名	燕尾太阳鸟。
外观特征	雌雄相异。小型鸟类。体长 8~11 cm。雄鸟头顶及后颈金属绿色，上体橄榄绿色，喉、胸朱红色，下体余部黄绿色，中央尾羽延长分叉。雌鸟上体橄榄绿色，下体绿灰色，尾羽不延长。嘴黑色，长而下弯。脚黑色。
生　　　境	栖息于各种森林及城镇、村庄的有林地区。
习　　　性	单独或成对活动。常光顾开花植物。叫声为高音带金属声。
食　　　性	主要以花蜜为食，也吃小昆虫。

麻雀

Passer montanus

居留类型　留鸟
濒危等级　无危（LC）

▲ 桥洞内繁殖

别　　名　树麻雀。

外观特征　雌雄同型。小型鸟类。体长 13~15 cm。头顶至后颈栗褐色，颊部白色，与白色颈环相连，耳下有一黑斑。眼先及喉部黑色。背棕色具黑色纵纹。下体棕白色。

生　　境　活动于城镇、村庄、农田及人类居住环境。

习　　性　群体活动，不惧怕人。

食　　性　主要以植物果实、种子及昆虫为食。

小知识　　麻雀常选择在人类建筑物墙洞或者大桥下面的桥洞营巢，避开一些天敌威胁。

▲ 叼材料筑巢

▲ 鸟巢

▲ 洗澡

白腰文鸟

Lonchura striata

居留类型 留鸟

濒危等级 无危（LC）

别 名	十姐妹、白丽鸟。
外观特征	雌雄同型。小型鸟类。体长11~12 cm。上体深褐色，具尖形的黑色尾，腰白色，腹部皮黄色，背上有白色纵纹，下体具细小皮黄色鳞状斑及细纹。嘴、脚灰色。
生 境	活动于平原、山脚、村庄、稻田、竹林等地方。
习 性	群体活动，不惧怕人，常与斑文鸟混群。
食 性	主要以植物果实、种子为食，尤其喜欢吃禾本科植物如稻谷等。

小知识　　白腰文鸟的主要特征为具有显著的白腰、白腹。常常会有十余只一起栖息于旧巢中，故有"十姐妹"之别称。

▲ 亚成鸟

▲ 亚成鸟

斑文鸟

Lonchura punctulata

居留类型 留鸟

濒危等级 无危（LC）

别　　名	禾谷、算命鸟。
外观特征	雌雄同型。小型鸟类。体长 10~12 cm。上体褐色，羽轴白色而成纵纹，喉红褐色，下体白色，胸及两胁具有深褐色鳞状斑，亚成鸟下体皮黄色而无鳞状斑。嘴蓝灰色，脚灰黑色。
生　　境	栖息于耕地、稻田、花园及次生灌丛等环境的开阔多草地块。
习　　性	群体活动，不惧怕人，常与白腰文鸟混群。
食　　性	主要以植物果实、种子为食，尤其喜欢吃禾本科植物如稻谷等，也吃一些昆虫。

雄鸟

金翅雀

Chloris sinica

居留类型 留鸟
濒危等级 无危（LC）

 雄鸟

▲ 雄鸟

别　　名　金雀、芦花黄雀。

外观特征　雌雄略异。小型鸟类。体长 12~14 cm。具宽阔的黄色翼斑，成年雄鸟顶冠及颈背灰色，背纯褐色，翼斑、外侧尾羽基部及臀部黄色。雌鸟色淡。幼鸟色淡且多纵纹。嘴、脚粉褐色。

生　　境　栖息于灌丛、旷野、人工林及林缘地带。

习　　性　群体活动。喜站在电线上休憩。

食　　性　主要以植物果实、种子为食，也食一些昆虫。

 小知识　　到了冬天时候，食物减少，金翅雀会成群飞到大花紫薇上啄食果实。

雄鸟

▲ 雄鸟

▲ 雌鸟

▲ 雌鸟

黑尾蜡嘴雀

Eophona migratoria

居留类型 冬候鸟

濒危等级 无危（LC）

别 名	蜡嘴、小桑嘴。
外观特征	雌雄略异。中型鸟类。体长 16~18 cm。黄色的嘴硕大而端黑色。繁殖期雄鸟，外形极似有黑头头罩的大型灰雀，体灰色，两翼近黑色。雌鸟似雄鸟淡头部黑色少。脚粉褐色。
生 境	栖息于低山和山脚平原的阔叶林、针阔混交林、次生林和人工林中。
习 性	群体活动，性活泼而不怕人，叫声单调。
食 性	主要以植物果实、种子为食，尤喜吃池杉的球果。也食一些昆虫。

雌鸟

雀形目 PASSERIFORMES 鹀科 Emberizidae

白眉鹀

Emberiza tristrami

居留类型 冬候鸟
濒危等级 无危（LC）

▲ 雌鸟

▲ 雄鸟

别　　名　白三道儿、小白眉。

外观特征　雌雄略异。小型鸟类。体长 14~15 cm。成年雄鸟头部的黑白图纹对比明显，喉黑色，棕色腰上无纵纹。雌鸟及非繁殖期的雄鸟体色暗，雌鸟的头部对比比较少，但图案似繁殖期的雄鸟。嘴蓝灰色，脚浅褐色。

生　　境　栖息于针阔混交林、针叶林带、林缘及林下灌丛等地方。

习　　性　结小群活动，性胆怯，喜地面取食。

食　　性　主要以植物果实、种子为食，也食一些昆虫。

小鹀

Emberiza pusilla

居留类型 冬候鸟
濒危等级 无危（LC）

别　　名	高粱头、虎头儿。
外观特征	雌雄相同。小型鸟类。体长 12~14 cm。繁殖期成鸟体小而头具黑色和栗色条纹，眼圈色浅。冬季雄雌两性耳羽及顶冠纹暗栗色，颊纹及耳羽边缘灰黑色，眉纹及第二道下颊纹暗皮黄色，上体褐色而带深色纵纹，下体偏白色，胸及两胁有黑色纵纹。
生　　境	栖息于低山丘陵、灌丛、草地。
习　　性	非繁殖期结小群活动，常与鹀类混群。
食　　性	主要以植物果实、种子为食，也食一些昆虫。

雄鸟

▲ 雌鸟

灰头鹀

Emberiza spodocephala

居留类型　冬候鸟
濒危等级　无危（LC）

别　　名　黑脸鹀、青头愣。

外观特征　雌雄略异。小型鸟类。体长14~16 cm。雄鸟头、颈背及喉部灰色，眼先及颊黑色，上体余部浓栗色而具有明显的黑色纵纹，下体浅黄色或近白色，肩部具一白色斑，尾色深而带白色边缘。雌鸟及冬季雄鸟橄榄色，过眼纹及覆羽下的月牙形斑纹黄色。上嘴黑色，下嘴粉色且嘴端深色，脚粉褐色。

生　　境　栖息于山区的河谷溪流、芦苇地、灌丛及林缘和林地等。

习　　性　非繁殖期结小群活动，也有单独活动，生性大胆，不怕人。

食　　性　主要以植物果实、种子为食，也食一些昆虫。

二、两栖纲 (Amphibia)

两栖动物由泥盆纪晚期的肉鳍鱼类演化而来，是四足类动物从水栖发展到陆栖的中间过渡类型，进化程度介于高等鱼类和羊膜动物之间。现存的两栖动物包括青蛙、蟾蜍、蝾螈、大鲵等，共计约 8000 种，在脊椎动物中仍属大类，物种多样性仅次于辐鳍鱼类和羊膜动物。

主要特征：

（1）表皮裸露，无鳞甲、毛羽等覆盖，皮肤通过分泌黏液以保持身体湿润。

（2）四足有趾而无爪。所产的卵缺乏卵壳保湿，因此需产在水中。

（3）出生后在水中生活，用鳃呼吸，成年后在陆地上生活，用肺和皮肤呼吸。

（4）主要捕食小型无脊椎动物。

莽山角蟾

Xenophrys mangshanensis

濒危等级　低危（LC）

小知识
模式产地为湖南宜章莽山。中国特有种。

别　　名	莽山异角蟾。
外观特征	体型大。雄蟾体长 6.3 cm，雌蟾体长 7.3 cm。头较扁平，吻部呈盾形，吻棱明显。鼓膜明显，雄性有单咽下部声囊。指趾端球状。表面皮肤光滑，上眼睑外侧中部有 1 个小突起，上唇有 2 个黄白色斑块。头背面黄绿色。两眼间有三角形褐色斑，中央为浅绿色，其后角多与背中部的 "X" 形紫色斑相接。四肢背面紫灰色，腹面紫黑色。
生　　境	栖息于海拔 1000 m 左右的山区。
习　　性	成蟾多栖息于常绿阔叶林区的溪流内及其附近。林下落叶层较厚，溪内水质清凉，石块甚多。
食　　性	晚间外出觅食，多以昆虫及小动物为食。

崇安髭蟾

Leptobrachium liuis

濒危等级 低危（LC）

▲ 发育中的受精卵

别　　名	胡子蛙、角怪。
外观特征	体型大。雄蟾体长 6.8~9.5 cm，雌蟾体长 5.7~8.1 cm。头扁平，头宽大于头长。吻宽形，吻棱明显。鼓膜隐蔽或略显，雄性有单咽下部声囊。多数雄蟾上唇缘左右侧各有一枚锥状角质刺（雌蟾相应部位为橘红色点）。体背面浅褐色略带紫色，有许多不规则的黑斑。胯部有一白色月牙斑；体腹面满布白色小颗粒。模式产地为福建省崇安县。
生　　境	栖息于海拔 800~1600 m 的常绿阔叶林和竹林。
习　　性	成蟾常栖息于溪流附近的草丛、土穴内或石块下，在农耕地内也可见到。繁殖期雄蛙常发出"啊、啊、啊"的鸣声。繁殖期为 11~12 月。
食　　性	晚间外出觅食。多以昆虫及小动物为食。

中华蟾蜍

Bufo gargarizans

濒危等级 低危（LC）

别　　名	中华大蟾蜍、癞格包。
外观特征	体型肥大。雄蟾体长 6.2~10.6 cm，雌蟾体长 7.1~12.1 cm。头宽大于头长。吻圆而高，吻棱明显。鼓膜显著。皮肤很粗糙，背面满布圆形瘰疣。腹面满布疣粒。体背面颜色有变异，随季节而变化，多为橄榄黄色或灰棕色，有不规则深色斑纹。
生　　境	栖息于海拔 200~1000 m 的山区。
习　　性	成蟾在 9~10 月进入水中或松软的泥沙中冬眠，翌年 1~4 月出蛰，即进入静水域内繁殖。繁殖期 1~6 月。
食　　性	黄昏后外出捕食。食性较广，主要以昆虫、蚁类、蜗牛、蚯蚓及其他小动物为食。

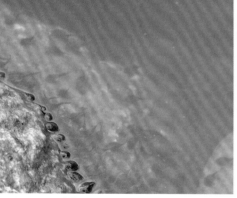

▲ 幼体

黑眶蟾蜍

Duttaphrynus melanostictus

濒危等级　低危（LC）

别　　名	癞蛤蟆、蟾蜍。
外观特征	雄蟾体长 7.2~8.1 cm，雌蟾体长 9.5~11.2 cm。头宽大于头长。吻端钝圆，吻棱明显。鼓膜大。背部常为黄棕色或黑棕色；腹面乳黄色，多少有花斑。皮肤粗糙，全身满布疣粒，背部疣粒多，中线两侧有排列成行的较大圆疣；腹部密布小疣，四肢刺疣较小。
生　　境	栖息于海拔10~1700 m 的多种环境内。非繁殖期常活动在草丛、石堆、耕地、水塘边及住宅附近。
习　　性	行动缓慢，匍匐爬行。繁殖期 7~8 月，期间，成蟾到水域及其附近寻找配偶，雄蟾常发出连续鸣声。
食　　性	夜晚外出觅食，常在灯光下捕食。主要以昆虫、蚯蚓、软体动物、甲壳类等为食。

中国雨蛙

Hyla chinensis

濒危等级　低危（LC）

别　　名　绿猴、雨怪。

外观特征　体型小。雄蛙体长 3.0~3.3 cm，雌蛙体长 2.9~3.8 cm。头宽略大于头长，吻部圆而高，吻棱明显。鼓膜圆而小。雄蛙有单咽下外声囊，鸣叫时膨胀成球状。背面皮肤光滑，无疣粒，草绿色；腹面密布颗粒疣，体侧及腹面浅黄色。

生　　境　栖息于海拔 200~1000 m 低山区。夜晚多栖息于植物叶片上。

习　　性　白天多匍匐在石缝或洞穴内，隐蔽在灌丛、芦苇、芭蕉等植物上。夜晚觅食，头向水面，鸣声连续音高而急。9月下旬开始冬眠。繁殖期 4~5 月。

食　　性　晚间觅食。成蛙捕食蝽象、金龟子、象鼻虫、蚁类等小动物。

大绿臭蛙

Odorrana graminea

濒危等级　低危（LC）

別　　名　大绿蛙。

外观特征　雌雄体型差异大。雄蛙体长约 4.8 cm，雌蛙体长约 9.1 cm。头扁平，长大于宽，吻端钝圆，吻棱明显。鼓膜清晰。雄性有具一对咽侧外声囊。皮肤光滑。腹面光滑，白色。生活时背面为鲜绿色，但有深浅变异。两眼前角间有一小白点；头侧、体侧及四肢浅棕色，四肢背面有深棕色横纹。

生　　境　栖息于海拔 450~1200 m 森林茂密的大中型山溪及其附近。

习　　性　成蛙白昼多隐匿于溪流岸边石下或在附近的密林里落叶间；夜间多蹲在溪旁岩石上。繁殖期为 5~6 月。

食　　性　晚间外出觅食。主要以昆虫及小动物为食。

黄岗臭蛙

Odorrana huanggangensis

濒危等级 低危（LC）

外观特征		雌雄体型差异大。雄蛙体长 4.1~4.5 cm，雌蛙体长 8.2~9.2 cm。吻端钝尖，头顶扁平，头长宽几乎相等。鼓膜大。雄性有一对咽侧下外声囊。皮肤光滑，背部和四肢背面皮肤有小痣粒；体侧有大小扁平疣粒；体腹面光滑且白色无斑。生活时体和四肢背面黄绿色，头、体背面密布规则椭圆形和卵圆形褐色斑。
生　境		栖息于海拔 200~800 m 丘陵山区的大小溪流内。要求环境植被茂盛、阴湿，溪水湍急或平缓。
习　性		成蛙常栖息于溪边的石块及岩壁上或隐于灌丛中。繁殖期 7~8 月。
食　性		晚间外出觅食。主要以昆虫及小动物为食。

竹叶臭蛙

Odorrana versabilis

濒危等级　低危（LC）

别　　　名　竹叶蛙。

外观特征　体型小。雄蛙体长 4.3~5.3 cm，雌蛙体长
5.2~6.2 cm。头部扁平，头长略大于头宽，
吻端钝圆，吻棱明显。鼓膜明显。雄性有
一对咽侧下内声囊。指末端吸盘明显。体
和四肢背面皮肤光滑。上唇缘浅黄色，有
白色锯齿状乳突；腹面皮肤光滑，浅黄色
且无斑纹。四肢背面横纹黑褐色。颜色变
异较大，多为橄榄褐色、浅棕色或绿色。

生　　　境　栖息于海拔 600~1525 m 森林茂密的山区，
栖息于大、小山溪内。

习　　　性　成蛙白天常蹲在瀑布下深水两侧的大石上
或在缓流处岸边。每年产卵一次。

食　　　性　晚间外出觅食。主要以昆虫及小动物为食。

阔褶水蛙

Sylvirana latouchii

濒危等级　低危（LC）

别　　名	阔褶蛙。
外观特征	体型小。雄蛙体长 3.8 cm，雌蛙体长 4.7 cm。头长大于宽，纹棱明显。鼓膜明显。雄性有一对咽侧内声囊。皮肤粗糙；背面有稠密的小刺粒；体侧有形状和大小不等的黑斑，疣粒黄色；四肢背面有黑横纹，股后方有黑斑及云斑。
生　　境	海拔 30~1500 m 的平原、丘陵和山区。常栖息于山旁水田、水池及水沟附近。
习　　性	白天隐匿在草丛或石穴中。繁殖期为 3~5 月。
食　　性	晚间外出觅食。主要以昆虫、蚁类等小动物为食。

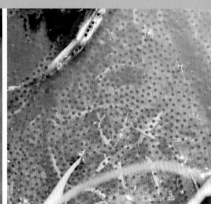

▲ 吹气泡求偶   ▲ 受精卵

沼水蛙

Hylarana guentheri

濒危等级   低危（LC）

别　　名	沼蛙。
外观特征	雄雌等大，体长约 7.2 cm。头部扁平，头长大于宽。纹棱明显，鼓膜明显。雄性有一对咽侧下外声囊。背部皮肤光滑，体背后部有分散的小痣粒。背面为淡棕色；沿背侧褶下缘有黑纵纹，体侧有不规则的黑斑；后肢背面有 3~4 条深色宽横纹，股后有黑白相间的云斑；体腹面淡黄色，两侧黄色稍深。
生　　境	海拔 1100 m 以下的平原、丘陵和山区。成蛙多栖息于稻田、池塘或水坑内。
习　　性	常隐蔽在水生植物丛间、土洞或杂草丛中。繁殖期为 5~6 月。
食　　性	捕食以昆虫为主，也吃蚯蚓、田螺及幼蛙等。

华南湍蛙

Amolops ricketti

濒危等级 低危（LC）

别　　名　梆梆、石蛙。

外观特征　体型小。雄雌略等大，体长约6 cm。头部扁平，宽略大于长。吻端钝圆，吻棱明显，鼓膜小而清晰。无声囊。皮肤粗糙。全身背面满布细小的痣粒；部分雄蛙上、下唇缘有白色细刺粒。生活时背面为灰绿色或黄绿色，满布不规则的深棕色斑纹；四肢具棕黑色横纹。腹面白色。

生　　境　栖息于海拔410~1500 m的山溪内或其附近。

习　　性　白天少见，夜晚栖息于急流处石上或石壁上，一般头朝向水面，稍受惊扰即跃入水中。繁殖期为5~6月。

食　　性　成蛙捕食蝗虫、蟋蟀、金龟子等多种昆虫及其他小动物。蝌蚪栖息于急流中，常吸附在石头上，多以藻类为食。

长肢林蛙

Rana longicrus

濒危等级　易危（VU）

外观特征	体型细长。雄蛙体长约 4.2 cm，雌蛙体长约 4.8 cm。头长大于头宽。吻长而钝尖，吻棱不明显，鼓膜明显。无声囊。后肢细长，几乎为体长的两倍。皮肤光滑，背部和体侧具有不明显的疣粒；股后侧疣粒较明显；腹面皮肤光滑；体背面黄褐色、赤褐色、绿褐色或棕红色，背部和体侧有分散的黑斑点，在肩部上方常有一个"八"形黑斑。腹面白色。
生　　境	栖息于海拔 1000 m 以下的平原、丘陵及山区，以阔叶林和农耕地为主要栖息环境。
习　　性	成蛙白天多隐匿在稻田、池塘、水坑和水沟等水草丰盛处。夜晚活动频繁。繁殖期为 12 月至翌年 1 月。
食　　性	成蛙主要捕食腹足类、蛛形纲、甲壳纲、昆虫纲和蜈蚣等小动物。

粤琴蛙

Nidirana guangdongensis

濒危等级　低危（LC）

外观特征	体型细长。雄性体长 5.1~5.8 cm，雌性体长 5.5~5.9 cm。头长大于头宽，头顶平坦。吻端圆，吻棱不明显，鼓膜明显。雄性具一对咽侧下声囊。指端略膨大形成圆吸盘。背面粗糙，具密集角质刺；体侧具密集疣粒及角质刺。喉部、躯干和四肢腹面光滑。背面红棕色；体背后部背中线黄色；背侧褶深棕色；大腿具四条黑色横斑，腹面乳白色。
生　　境	栖息于低海拔山区的梯田、水草、水塘附近。
习　　性	成蛙白天多隐匿石缝间，晚上外出活动较多。叫声"噔、噔、噔"如拨琴。繁殖期 4~8 月。
食　　性	成蛙主要捕食昆虫和蜈蚣等小动物。

泽陆蛙

Fejervarya multistriata

濒危等级 低危（LC）

别　　名	泽蛙、虾蟆仔。
外观特征	体型小。雄蛙体长 3.8~4.2 cm，雌蛙体长 4.3~4.9 cm。头长略大于头宽。吻端钝尖，吻棱不明显。背部皮肤粗糙，褶间、体侧及后肢背面有小疣粒；腹面皮肤光滑。背面颜色变异大，多为灰橄榄色或深灰色，杂有棕黑色斑纹；上下唇缘有棕黑色纵纹，四肢背面各节有棕色横斑 2~4 条，体和四肢腹面为乳白色。
生　　境	栖息于平原、丘陵和海拔 2000 m 以下山区的稻田、沼泽、水塘、水沟等静水域或其附近的旱地草丛。
习　　性	昼夜活动。大雨后常集群繁殖。繁殖期 4~9 月。
食　　性	主要在夜间觅食。以昆虫为食。

虎纹蛙

Hoplobatrachus rugulosus

濒危等级　低危（LC）

别　　名	田鸡、虎皮蛙。
外观特征	体型大。雄蛙体长 6.6~9.8 cm，雌蛙体长 8.7~12.1 cm。头长大于头宽。吻端钝尖，吻棱钝。鼓膜明显。雄性有一对咽侧外声囊。体背面粗糙，背部有长短不一、多断续排列成纵行的肤棱，其间散有小疣粒。背面多为黄绿色或灰棕色，散有不规则的深绿褐色斑纹；四肢横纹明显。
生　　境	栖息于海拔 20~1120 m 的山区、平原、丘陵地带的稻田、鱼塘、水坑和沟渠内。
习　　性	白天隐匿于水域岸边的洞穴内，夜间外出活动。跳跃能力很强，稍有响动即迅速跳入深水中。雄蛙鸣声如犬吠。繁殖期为 3~8 月。
食　　性	成蛙捕食各种昆虫，也捕食蝌蚪、小蛙及小鱼等。

小棘蛙

Quasipaa exilispinosa

濒危等级 低危（LC）

外观特征		体型小。雄蛙体长 4.4~6.7 cm，雌蛙体长 4.4~6.3 cm。头部宽扁，头宽略大于头长。吻端圆，吻棱不明显。鼓膜隐约可见。雄性具单咽下内声囊，胸部具锥状刺疣。皮肤粗糙，全身背面布满大小不等的疣点。体背面多为棕色、浅棕褐色，散有黑褐斑，眼间及四肢背面有黑褐色横纹；后腹部及后肢腹面呈蜡黄色。
生　　境		栖息于海拔 500~1400 m 的小山溪内或沼泽地边石下。
习　　性		繁殖期间，雄蛙晚上发出"嗒、嗒"的连续鸣声，长可达 10 余声。繁殖期 6~7 月。
食　　性		成蛙主要捕食多种昆虫、蜘蛛和松毛虫等。

无尾目 ANURA 叉舌蛙科 Dicroglossidae

福建大头蛙

Limnonectes fujianensis

濒危等级 低危（LC）

别 名	福建脆皮蛙。	
外观特征	体较肥壮。雄蛙体长 4.7~6.1 cm，雌蛙体长 4.3~5.5 cm。头长大于头宽。雄蛙头大，吻钝尖，吻棱不明显，无声囊。皮肤较粗糙不易破裂，具短肤褶和小圆疣，两眼后方有一条横肤沟，眼后有一条长肤褶，腹面皮肤光滑。背面多为黄褐色或灰棕色，疣粒部位多有黑斑，肩上方有一个"八"字形深色斑；唇缘及四肢背面均有黑色横纹。	
生 境	栖息于海拔 600~1100 m 的山区。常栖息于路边和田间排水沟的小水坑或浸水塘内。	
习 性	成蛙白天多隐蔽在落叶或杂草间，行动较迟钝。繁殖期较长。	
食 性	成蛙主要捕食多种昆虫。	

棘胸蛙

Quasipaa spinosa

（濒危等级）易危（VU）

别　　名　石蛙、石鸡。

外观特征　体型甚肥硕。雄蛙体长 10.6~14.2 cm，雌蛙
　　　　　体长 11.5~15.3 cm。头宽大于头长。吻端圆，
　　　　　吻棱不明显。鼓膜隐约可见。雄蛙具单咽下
　　　　　内声囊，前臂粗壮，胸部满布大小肉质疣；
　　　　　雌蛙腹面光滑。体背面颜色变异大，多为黄
　　　　　褐色、褐色或棕黑色，两眼间有深色横纹，上、
　　　　　下唇缘均有浅色纵纹，体和四肢有黑褐色横
　　　　　纹；腹面浅黄色，无斑。

生　　境　栖息于海拔 600~1500 m 林木繁茂的山溪内。

习　　性　白天多隐藏在石穴或土洞中，夜间多蹲在岩
　　　　　石上。繁殖期 5~9 月。

食　　性　捕食多种昆虫、溪蟹、蜈蚣、小蛙等。

大树蛙

Zhangixalus dennysi

濒危等级　低危（LC）

别　　名	大泛树蛙。
外观特征	体型大。雄蛙体长 6.8~9.2 cm，雌蛙体长 8.3~10.9 cm。头扁平。吻端斜尖，吻棱棱角状。鼓膜大而圆。雄蛙具单咽下内声囊。背面皮肤较粗糙有小刺粒，腹部和后肢股部密布较大扁平疣。体色和斑纹有变异，多数个体背面绿色，并有镶浅色线纹的棕黄色或紫色斑点。沿体侧一般有成行的白色大斑点或白纵纹；腹面其余部位灰白色。
生　　境	栖息于海拔 80~800 m 山区的树林里或附近的田边、灌木及草丛中，偶尔也进入山边住宅内。
习　　性	傍晚后，雄蛙发出"咕噜！咕噜！"连续且洪亮的叫声。繁殖期 4~5 月。
食　　性	成蛙主要捕食金龟子、叩头虫、蟋蟀等昆虫及其他小动物。

  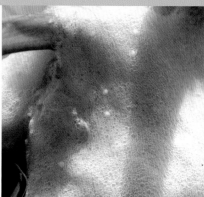

▲ 卵泡

斑腿泛树蛙

Polypedates megacephalus

濒危等级 低危（LC）

别　　名	斑腿树蛙。	
外观特征	体型扁长。雄蛙体长 4.1~4.8 cm，雌蛙体长 5.7~6.5 cm。头部扁平，头长大于头宽或相等。吻长，吻端钝尖，吻棱明显。鼓膜明显。雄蛙具内声囊。指端均有吸盘。背面皮肤光滑，有细小痣粒。背面颜色有变异，多为浅棕色、褐绿色或黄棕色，一般有深色"X"形斑或呈纵条纹；腹面乳白色。	
生　　境	栖息于海拔 80~2200 m 的丘陵和山区。常栖息于稻田、草丛，或在田埂石缝以及附近的灌木草丛中。	
习　　性	傍晚发出"啪、啪、啪"的叫声。行动较缓，跳跃力不强。繁殖期 4~9 月。	
食　　性	主要捕食昆虫及其他小动物。	

粗皮姬蛙

Microhyla butleri

濒危等级　低危（LC）

外观特征　体型小。雄蛙体长 2.0~2.5 cm，雌蛙体长
　　　　　2.1~2.5 cm。头小，头长小于头宽。吻端
　　　　　钝尖，吻棱不明显。雄蛙具单咽下外声囊。
　　　　　指端具小吸盘。背面皮肤粗糙，满布疣粒；
　　　　　四肢背面也有疣粒。腹面皮肤光滑。生活
　　　　　时身体及四肢背面为灰棕色；背部中央有
　　　　　镶黄边的黑酱色"八"形的大花斑；四肢
　　　　　背面均有黑横纹。

生　　境　栖息于海拔 100~1300 m 的山区。成蛙常
　　　　　栖息于山坡水田、水坑边土隙或草丛中。

习　　性　在繁殖季节，雄蛙发出"歪！歪！歪！"
　　　　　的鸣叫声。繁殖期 5~6 月。

食　　性　成蛙主要捕食多种昆虫。

小弧斑姬蛙

Microhyla heymonsi

濒危等级 低危（LC）

外观特征 体型小，略呈三角形。雄蛙体长 1.8~2.1 cm，雌蛙体长 2.2~2.4 cm。头小，头长等于头宽。吻端钝尖，吻棱明显。鼓膜不显。雄蛙具单咽下外声囊。指末端有小吸盘。背面皮肤较光滑，散有细痣粒；股基部腹面有较大的痣粒。腹面光滑。背面颜色变异大，多为粉灰色、浅绿色或浅褐色，从吻端至肛部（背中央）有一条黄色细脊线，脊线上有一对或两对黑色弧形斑；体两侧有纵行深色纹；腹面肉白色，咽部和四肢腹面有褐色斑纹。

生　　境 常栖息于 70~1515 m 的山区稻田、水坑边、沼泽泥窝、土穴或草丛中。

习　　性 在繁殖季节，雄蛙发出 "嘎、嘎" 鸣叫声，低沉而慢。繁殖期 5~9 月。

食　　性 成蛙主要捕食昆虫和蛛形纲等小动物，其中蚁类占 91% 左右。

饰纹姬蛙

Microhyla fissipes

濒危等级 低危（LC）

◀ 吹气泡求偶

别　　名	犁头拐、土地公蛙。
外观特征	体型小，略呈三角形。雄蛙体长 2.1~2.5 cm，雌蛙体长 2.2~2.4 cm。头小，头长几乎等于头宽。吻端尖，吻棱不明显，鼓膜不显。雄蛙具单咽下外声囊。皮肤粗糙。背部有许多小疣。腹面皮肤光滑。背面颜色和花斑有变异，一般为粉灰色、黄棕色或灰棕色，其上有两个深棕色"Λ"形斑前后排列；腹面白色。
生　　境	栖息于海拔 1400 m 以下的平原、丘陵和山地的泥窝或土穴内，或在水域附近的草丛中。
习　　性	在繁殖季节，雄蛙鸣声低沉而慢，如"嘎、嘎、嘎"的鸣叫声。繁殖期 3~8 月。
食　　性	成蛙主要捕食昆虫和蛛形纲等小动物。

花姬蛙

Microhyla pulchra

濒危等级 低危（LC）

别　　名　　犁头蛙、三角蛙。

外观特征　　体型小，略呈三角形。雄蛙体长 2.3~3.2 cm，雌蛙体长 2.8~3.7 cm。头小，头宽大等头长。吻端钝尖，吻棱不明显，鼓膜不显。雄蛙具单咽下外声囊。无吸盘。背面皮肤较光滑，散有少量小疣粒；腹面光滑。体色鲜艳，背面粉棕色缀有棕黑色及浅棕色花纹，眼后方至体侧后部有若干宽窄不一、棕黑色和棕色重叠相套的"∧"形斑纹，体背后中部和肛两侧的棕黑斑纹不规则；四肢背面有粗细相间的棕黑色横纹；腹部黄白色。

生　　境　　栖息于海拔 10~1350 m 平原、丘陵和山区。常栖息于水田、园圃及水坑附近的泥窝、洞穴或草丛中。

习　　性　　在繁殖季节，雄蛙鸣叫清脆悦耳的"嘎！嘎嘎嘎嘎！"声。繁殖期 3~7 月。

食　　性　　成蛙主要捕食昆虫。

▲ 抱对

花狭口蛙

Kaloula pulchra

濒危等级　低危（LC）

别　　名	亚洲锦蛙。
外观特征	体型较胖，呈三角形。雄蛙体长 5.5~7.7 cm，雌蛙体长 5.6~7.7 cm。头宽大于头长。吻短，吻棱不明显，鼓膜不显。雄蛙具单咽下外声囊。皮肤厚且光滑，背面有小疣粒。腹面皮肤皱纹状，其间散有浅色疣粒。生活时背面有一条十分醒目的镶深色边的棕黄色宽带纹，略呈"n"形；四肢背面密布深棕色斑点。腹面浅棕黄色或肉色。
生　　境	栖息于海拔 150 m 以下的住宅附近或山边的石洞、土穴中或树洞里。
习　　性	夜间行动，迟缓。繁殖季节，雄蛙发出如牛吼的鸣叫声。繁殖期 3~8 月。
食　　性	成蛙主要捕食昆虫，主要为吃蚁类。

三、爬行纲（Reptilia）

爬行纲动物统称为爬行动物、爬行类。脊椎动物，属于四足总纲的羊膜动物，主要包括了龟、蛇、蜥蜴、鳄及史前恐龙等物种。

主要特征：

（1）大部分的爬行动物不能产生足够的热量以保持体温，因此被称为冷血动物。

（2）大部分的爬行动物是卵生动物，它们的胚胎由羊膜所包裹。但也有少部分以胎生或者卵胎生的方式繁殖。

有鳞目 SQUAMATA 壁虎科 Gekkonidae

原尾蜥虎

Hemidactylus bowringii

濒危等级 低危（LC）

▲ 卵

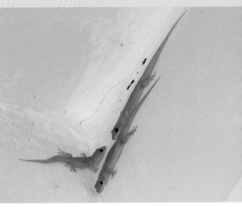

别　　名　无疣蜥虎、檐蛇。

外观特征　体长约 10 cm。体背被均一的粒鳞，无大型锥状鳞。尾部呈圆柱形，侧缘无锯齿状缘。体背浅褐色，有
　　　　　斑驳状斑纹；腹部淡肉色。瞳孔在光线转强时，会缩小为垂直细缝。尾部极易自割。体色会随环境而变化。

生　　境　栖息于室内或者建筑物墙缝内。

习　　性　夜行性。常于民居内外、庭园树干上及灯光附近活动。卵生，喜欢在树皮、落叶堆或其他覆盖物下产卵。

食　　性　以蛾类、蟑螂等昆虫为食。

中国壁虎

Gekko chinensis

濒危等级 　低危（LC）

别　　名	中国守宫。
外观特征	体长约 18 cm。身体灰黑色，体背具有数个菱形深色斑块；背部粒鳞间见疣鳞，趾间具蹼，尾部有棕色暗横带。中国特有种。
生　　境	栖息于森林地区的山洞内或建筑物的缝隙内。
习　　性	常活动于山边护墙或者排水沟。春季开始繁殖，产卵 2~3 枚于岩石缝隙或者树干上，并有多次产卵重叠一处的习惯。
食　　性	主要以各种小昆虫为食。

有鳞目 SQUAMATA 石龙子科 Scincidae

铜蜓蜥

Sphenomorphus indicus

濒危等级 低危（LC）

别　　名　印度蜓蜥。

外观特征　体长约 24 cm。体背面古铜色，散布少数黑色斑点，背中央有 1 条断断续续的黑纹。体侧有 1 宽黑褐色纵带，上方色浅，下方略带棕红色，四肢背面有黑点，腹面白色。尾较细长。

生　　境　栖息于低海拔的平原、山地阴湿草丛中，以及石堆缝隙中。

习　　性　昼夜活动。常出现在林道等较为开阔的地带晒太阳。卵胎生，每次产幼子 6~9 条。

食　　性　主要以昆虫、蚯蚓等为食。

004 　有鳞目 SQUAMATA 石龙子科 Scincidae

股鳞蜓蜥

Sphenomorphus incognitus

濒危等级 低危（LC）

外观特征　体长约 28 cm。体背棕褐色，具浅色和黑色斑点；体侧有黑褐色纵带。身体腹面为白色，后腿内侧近股部有一较大鳞片且排列不规则。幼体尾巴末端常有红色。尾巴极易自割。模式产地为台湾恒春。

生　　境　栖息于中低海拔山区，常见于植被较好的溪边。

习　　性　日行性。白天常趴在溪边石头上晒太阳。卵生，每窝大概 3~5 个卵。

食　　性　以各种小昆虫为食，也吃一些小型无脊椎动物。

蓝尾石龙子

Plestiodon elegans

濒危等级　低危（LC）

别　　　名	丽文石龙子、蓝尾四脚蛇。
外观特征	体长约 25 cm。成体背部为褐色或灰褐色，体侧有红暗色斑纹，腹部为灰白色。全身鳞片光滑，成蜥后腿外侧近股部有不规则排列的大形鳞片。幼体蓝色的尾部和背部的五条金色纵纹是其显著的特征，这 2 个特征会在成长过程中慢慢消失。
生　　　境	栖息于南方低山山林及山间道旁的石块下。
习　　　性	日行性。喜在干燥、温度较高的阳坡上活动。卵生。繁殖期为 3~10 月。
食　　　性	捕食鞘翅目昆虫及蚂蚁等。

有鳞目 SQUAMATA 石龙子科 Scincidae

中国石龙子

Plestiodon chinensis

濒危等级 低危（LC）

别　　名	中华石龙子、四脚蛇。
外观特征	体较粗壮。体长 25~30 cm。雄性体型大于雌性。成体背部为橄榄绿色，体侧有红色斑点，腹部灰白色。幼体背部黑褐色，有数条浅色纵纹，尾蓝色。
生　　境	栖息于低海拔的山区、农耕地、住宅附近及公路旁的草丛等各种环境。
习　　性	日行性。喜欢在开阔地方晒太阳。卵生，产卵 5~7 枚。
食　　性	主要以蟋蟀、蚂蚱等昆虫为食，也吃蚯蚓、蜗牛、蜘蛛等。

南滑蜥

Scincella reevesii

濒危等级 低危（LC）

外观特征　体长约 13 cm。体背灰棕色。身体两侧上半部始自鼻孔向后延伸至尾端，各有一黑褐色纵带。在两侧纵带之间的背面，自颈部到尾前段有棕褐色小点缀连成的四条链状纵线，指趾下面略带红棕色。

生　　境　栖息于海拔较低山区及平原的农耕地、草原、灌丛等。

习　　性　常活动于路旁落叶或林下草丛中。胎生，每次产 2~3 条幼蜥。

食　　性　主要以蟋蟀、白蚁等小型昆虫为食。

海南棱蜥

Tropidophorus hainanus

濒危等级 　低危（LC）

外观特征　体长约 30 cm。背面棕红色，具镶黑边的不明显浅色横斑 13 个，前 8 个为"V"形斑；体侧具镶黑边的白色不规则斑点。腹面灰白色，喉部两侧具黑色纵纹，背鳞明显起棱，棱尖斜向背上方。模式产地在海南五指山。

生　　境　主要栖息于山区林中小溪旁阴湿处，其生存的海拔范围为 640~740 m。

习　　性　常活动于沟边、近岸的石头上。

食　　性　主要以小型昆虫为食。

有鳞目 SQUAMATA 蜥蜴科 Lacertidae

南草蜥

Takydromus sexlineatus

濒危等级 低危（LC）

别　　名　草蜥。

外观特征　全长约 30 cm。身体略微细长，尾巴通常是身体长度的 3 倍。背部呈棕色、绿色或米色，腹部呈白色至奶油色，背面棕红色，通常饰有深浅不一的棕色条纹，尾鳞上布有黑色斑点。

生　　境　多栖息于海拔 700~1200 m 的山地林下或草地。

习　　性　会在清晨出现，晒太阳。行动迅速。如果潜在的捕食者靠近，它们会完全保持静止观察，如果危险持续存在，它们会逃到树叶的安全处。卵生，繁殖期 5~6 月。

食　　性　主要以蟋蟀等昆虫为食。

北草蜥

Takydromus septentrionalis

濒危等级　低危（LC）

外观特征	体长约 25 cm。生活时体色变化较大，体背草绿色、棕绿色或棕色，体腹黄绿色或灰白色，眼至肩部有一条浅纵纹。尾断后能再生。
生　　境	一般分布在海拔 436~1700 m 的山坡以及山地草丛中。
习　　性	喜阳光。行动敏捷，遇到敌害和惊扰时能迅速逃脱。冬眠时间主要从 10 月至翌年 4 月。卵生，每窝产卵 2~6 枚，繁殖期 4~7 月。
食　　性	主要以昆虫为食。

011 有鳞目 SQUAMATA 蜥蜴科 Lacertidae

古氏草蜥

Takydromus kuehnei

濒危等级 低危（LC）

别　　名　台湾地蜥。

外观特征　体长约 18 cm。背部颜色以褐色为主，腹面白色，身体两侧由鼻端开始，横越眼睛有一黑色纵带，延伸至尾巴基部，其上并常夹杂许多圆形金黄色斑，体背亦常有 2 条深色的纵条纹脚趾末端稍长，略呈侧扁。模式产地在台湾。

生　　境　低海拔的山区的林缘边及平地的草丛、石头堆中。

习　　性　日行性。擅长攀爬，常栖息于低矮的草丛、大石块上晒太阳，亦可在树冠层活动。卵生。

食　　性　主要以昆虫及小型节肢动物为食。

▲ 变色中

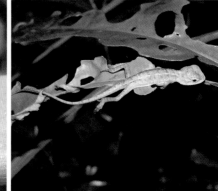

▲ 晚上睡觉中的变色树蜥

变色树蜥

Calotes versicolor

濒危等级 低危（LC）

别　　名	马鬃蛇、鸡冠蛇。
外观特征	体长约 40 cm。背面浅棕色、灰色或橄榄绿色。体背具有深棕色斑块，眼睛周围具有辐射状黑纹。尾巴长，是头体长的 2~3 倍。繁殖期或受到惊吓时，头颈部会变成橘红色。
生　　境	栖息于平原的灌丛带、农耕地边缘、路边的草丛或树干上。
习　　性	日行性。喜欢晒太阳，夜间则趴在树枝上休息。卵生。
食　　性	主要以小型昆虫、蜘蛛等为食。

海南闪鳞蛇

Xenopeltis hainanensis

濒危等级 低危（LC）

外观特征 体长 60~80 cm。头较小，扁平，与颈区无明显区分。体鳞光滑，背面为灰蓝色，在阳光下有强烈的金属光泽。
两侧最下 3 行背鳞间有 1~2 条断续白纵纹，最下一行背鳞灰白色，腹面白色，其余都为蓝褐色，尾巴较短。

生　　境 栖息于海拔 200~800 m 的山林间，营穴居生活。

习　　性 性谨慎隐蔽，昼伏夜出，白天很难见到其踪影。

食　　性 主要以蚯蚓、蛙类及蛇类为食。

棕脊蛇

Achalinus rufescens

濒危等级 低危（LC）

外观特征	体长约 63 cm。背鳞披针形，具金属光泽。头较小，与颈部区分不显著。眼较小。体背棕褐色，自颈至尾有一深棕色脊线。腹面朱黄色。尾很纤细。模式产地在香港。
生　　境	为穴居。栖息于平原、丘陵及山区。其生存的海拔范围为 370~1500 m。
习　　性	不详。
食　　性	主要以蚯蚓、蛙类为食。

横纹钝头蛇

Pareas margaritophorus

濒危等级　低危（LC）

外观特征　小型蛇类。体长约 45 cm。头较大，吻钝圆，躯干侧扁。体背蓝褐色，有由黑白各半的鳞片形成的不规则细横纹；腹面色浅，散有褐斑点。

生　　境　常见于低海拔地区或山区。其生存的海拔上限为 800 m。

习　　性　夜行性。无毒。

食　　性　主要以蜗牛、蛞蝓类为食。

原矛头蝮

Protobothrops
mucrosquamatus

濒危等级 低危（LC）

别 名	龟壳花。
外观特征	体长约45 cm。头呈三角形，颈细，头背布有很多细鳞，体背部棕褐色，在背部中线两侧有并列的暗褐色斑纹，左右相连成链状。腹部灰褐色，多斑点。
生 境	栖息于丘陵、山区、灌丛、溪边、耕地。常在住宅周围如草丛、垃圾堆、柴草石缝和落叶堆里活动。
习 性	夜行性。平时与人接触时通常会选择离开，一般不会马上对人发动攻击。雌蛇有护卵行为，若遭干扰则会主动采取攻击。剧毒。
食 性	主要以蛙类、鸟类、蜥蜴等为食。

✎ **小知识** 原矛头蝮的背上通常为黄褐色，并有不规则的黑色斑块，斑块形状似龟壳花纹，因此也叫"龟壳花"。绞花林蛇的外形跟原矛头蝮极为相似，二者容易混淆。

有鳞目 SQUAMATA 蝰科 Viperidae

白唇竹叶青

Trimeresurus albolabris

濒危等级 低危（LC）

别　　名　青竹蛇。

外观特征　体长约90 cm。头呈长三角形，颈细，头颈区分明显。背部鲜绿色，具有不明显的黑色横带；腹面黄白色；最外侧背鳞有白斑，自颈部至尾部彼此连接形成一条白纵纹；眼红色，上唇鳞黄白色，尾端焦红色。

生　　境　多见于平原、丘陵或低山区，常栖息于溪沟、水塘、田埂边杂草中或低矮的灌木上，以及住宅附近。

习　　性　树栖性。夜间活动。繁殖期一般在5月。卵胎生，每产6~14条。

食　　性　主要以蜥蜴、鼠类、蛙类和鸟类为食。

小知识　　白唇竹叶青是广东常见的毒蛇之一，其毒素属于混合毒，被咬伤后会造成严重肿胀，少有致死个案。

中国沼蛇

Myrrophis chinensis

濒危等级 低危（LC）

别　　名	中国水蛇、泥蛇。
外观特征	体长 50~70 cm。左右鼻鳞相接，鼻间鳞单枚且小，鼻孔背位；背面暗灰棕色有不规则的小黑点，腹面呈黑红相间横斑，尾部略侧扁。模式产地在中国。
生　　境	一般栖息于平原、丘陵或山麓的溪流、池塘、水田或水渠内。
习　　性	主要在清晨和黄昏活动。卵胎生。具有轻微的毒性。
食　　性	以鱼类、青蛙为食。

铅色水蛇

Hypsiscopus plumbea

濒危等级   低危（LC）

别　　名　铅色蛇、水泡蛇。

外观特征　体长不超过 100 cm。体型粗短，背部为咖啡色，体侧、腹部有交错状排列的黑色斑纹，腹部偏橘红色，成熟后的个体腹部颜色较淡。

生　　境　栖息于平原、丘陵或低山地区的水稻田、池塘、湖泊、小河及其附近水域。

习　　性　常在晚上活动。多见于稻田或水塘等静水区域。具有轻微的毒性，但不致死。卵胎生，每次产幼蛇 2~15 条。

食　　性　主要以鱼类、蛙类等为食。

眼镜王蛇

Ophiophagus hannah

濒危等级 易危（VU）

别　　名	过山风。
外观特征	体长 3~4 m。颈背具"∧"形白斑，体背黑褐色，具浅色环纹，幼蛇纹明显，随年龄增长而逐渐模糊，腹面灰褐色，背鳞边缘黑色。国家二级保护野生动物。
生　　境	栖息于草地、灌木林、空旷林地及树林里。
习　　性	日行性。善爬树，行动快速，能根据气味追踪猎物。卵生，每次产 21~40 枚。具攻击性，剧毒。
食　　性	主要以蛇类、鼠类、鸟类等为食。

小知识　　具有高度的攻击性。受到威胁时，会举起身体前部分，张开颈部，并发出"嘶嘶嘶"的警告声。毒液里主要含有神经毒素及心脏毒素，被咬者可在半小时内死亡。

021　有鳞目 SQUAMATA 眼镜蛇科 Elapidae

舟山眼镜蛇

Naja atra

濒危等级　易危（VU）

别　　名	中华眼镜蛇、饭铲头。	
外观特征	体长约 1.5 m。头椭圆形，颈能膨大，颈背有镶白圈的眼镜框状斑纹；体前部能竖起。体背黑褐色、土褐色，有黄白色窄横纹单条或双条；头腹及体腹前段黄白色，颈腹有两块黑斑和一条黑色横斑。背鳞平滑，略具光泽。	
生　　境	主要栖息于山区、农垦地等中低海拔地方。	
习　　性	夜间活动，但多在午后或傍晚捕食。卵生，每产卵 12~22 枚。	
食　　性	主要捕食鼠类、蛙类、鸟类、蜥蜴和其他蛇类，偶尔吞食自产的卵。	

小知识　被激怒时前身昂起，且膨大颈部后方花纹呈眼镜状，故被称为"眼镜蛇"。毒性强烈，被咬者可致死。

 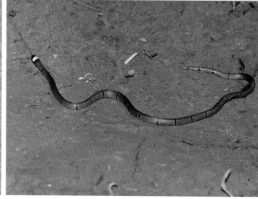 

中华珊瑚蛇

Sinomicrurus macclellandi

濒危等级 低危（LC）

别　　名	环纹赤蛇、丽纹蛇。	
外观特征	体长可达 98 cm。头小而短宽，与颈区分不明显，吻钝圆。眼小，瞳孔椭圆形，有前沟牙。体圆滑细长。头背黑色，有 1 个醒目的黄白色宽横斑和 1 条黑纹。体背红棕色，自颈后到尾有若干个黑色窄横斑，横斑有白边。	
生　　境	栖息于低海拔山区森林底层。常见于森林落叶层、石块下及溪水边。	
习　　性	夜间活动。行动缓慢。卵生。有毒，主要为神经毒素。	
食　　性	主要以蜥蜴、小型蛇类等为食。	

有鳞目 SQUAMATA 眼镜蛇科 Elapidae

银环蛇

Bungarus multicinctus

濒危等级 低危（LC）

别 名	银甲带、花扇柄。

别　　名　银甲带、花扇柄。

外观特征　体长 75~160 cm。头椭圆形，头、颈黑色，黑色部分较白色长许多。体背面有黑白相间的环纹，躯干有30~50 个白色环带，尾部有 9~15 个白色环带。背鳞平滑，有光泽，腹面白色无斑纹；尾端尖细。

生　　境　多栖息于水边、农耕地、灌木丛及红树林等。

习　　性　夜间活动。毒性极强，主要为神经毒素，被咬者可致死，但轻易不会攻击人。卵生。每产 3~12 枚，多者 20 枚。

食　　性　主要以鱼类、蛙类、蛇类、鼠类为食物。

钝尾两头蛇

Calamaria septentrionalis

濒危等级 低危（LC）

别　　名	两头蛇。
外观特征	体型小，体长约 30 cm。体背灰黑色或灰褐色，鳞缘黑色或稍微淡，形成网纹；背中央的 6 行鳞片有相间黑点排成的 3 条纵线；腹鳞橙红色，散布黑点，尾腹面中央有 1 条黑线。
生　　境	穴居动物，栖居在平原、丘陵及山区阴湿的土穴中。
习　　性	通常在泥土下活动，行动十分隐秘。卵生。无毒。
食　　性	主要以蚯蚓为食。

小知识 头尾粗细区别不明显，都有相似的黄斑和黑斑，尾可被误认为头，故名"两头蛇"。

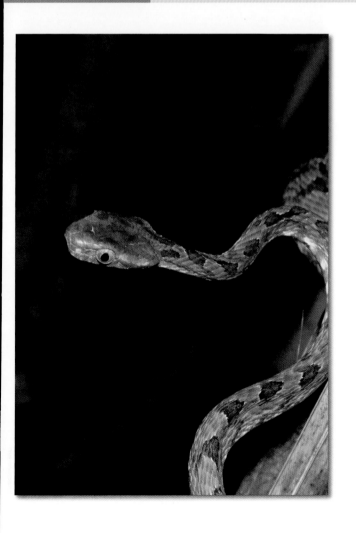

绞花林蛇

Boiga kraepelini

濒危等级   低危（LC）

别   名   大头蛇、绞花蛇。

外观特征   中型蛇类，最长约 100 cm。头大，略呈
三角形，颈细，尾部细长；眼大，瞳孔
垂直椭圆。体背为黄褐色，背中线饰有
黑褐色大斑，大斑两侧还有交错排列的
各 1 行小斑；腹面暗白色或黄褐色，饰
以不规则斑纹。

生   境   栖息于山区森林及灌木丛中，树栖；有
时会爬至附近屋顶上。

习   性   夜行性。树栖蛇类，攀爬力强。卵生，
每次产卵约 14 枚。微毒，咬到后不会
致死。

食   性   以蜥蜴、鸟类为食，偶尔也吃鸟蛋、雏鸟。

菱斑小头蛇

Oligodon catenatus

濒危等级　低危（LC）

别　　　名　红宝蛇。

外观特征　小型蛇，体长约 50 cm。头较短小，跟颈区分不明显，头背面具有略似 "灭" 字花纹。体背棕褐色或红棕色，自颈至尾正中线有 1 行红褐色菱形斑，斑具黑边，前后彼此相连；腹面由珊瑚红色和黑色组合成栅格状，尾下珊瑚色。

生　　　境　栖息于海拔 700~1000 m 的山区。主要分布在广东、广西、福建、云南等地。

习　　　性　无毒。被咬伤不会引起中毒，但对伤口需要进行清洗，避免细菌感染。

食　　　性　食爬行类动物的卵。

有鳞目 SQUAMATA 游蛇科 Colubridae

中国小头蛇

Oligodon chinensis

濒危等级 低危（LC）

别　　名	秤杆蛇。
外观特征	体长 45~68 cm。头短小，跟颈区分不明显。头背前额鳞后缘两眼间有黑色纹。两侧经眼直达上唇。颈部有个粗大、箭头状黑斑。体背淡灰色，背正中线有 1 条黄色纵纹。腹面灰白色或淡棕色，有近似方形的黑斑。模式产地在江西庐山。
生　　境	栖息于海拔 250~1500 m 的平原、丘陵、山区。
习　　性	常活动于草坡中、灌丛林下、溪沟边、路边及民宅。无毒。卵生。
食　　性	食爬行类的卵、蜥蜴等。

小知识　全身有 14~16 条黑褐色窄横斑如秤星，故有"秤杆蛇"的别称。

028 | 有鳞目 SQUAMATA 游蛇科 Colubridae

翠青蛇

Cycolophiops major

濒危等级 低危（LC）

别　　名	小青蛇。
外观特征	体长约 100 cm。头呈椭圆形，略尖，头部鳞片大，眼大，呈黑色，瞳孔圆形。体较细长，圆柱尾，尾较长。全身翠绿色，腹部偏黄绿色。
生　　境	栖息于中低海拔的山区、丘陵和平地。
习　　性	常见于草木茂盛的隐蔽潮湿环境中。白天和晚上都会活动，动作迅速而敏捷。性情温和，野外见到人会迅速逃走，无毒。卵生。
食　　性	主要蚯蚓为食，也吃昆虫及幼虫。

小知识　　无毒而且性情温和的翠青蛇因为通体翠绿色，容易被人误会为有毒竹叶青而常被打死。

灰鼠蛇

Ptyas korros

濒危等级　近危（NT）

别　　名	过树龙、细纹南蛇。
外观特征	中大型蛇类，体长 75~210 cm。头长而小，略呈椭圆形，可与颈区分；眼大，瞳孔圆形。背面棕灰色、灰黑色、黑褐色或深橄榄色，每枚鳞脊为黑褐色，前后相连形成 8 条黑褐色细纵纹。体后部及尾部鳞缘黑褐色。腹面浅黄色。
生　　境	栖息于海拔 212~1630 m 的平原、丘陵、山区。
习　　性	喜攀援在水边溪流的灌木或竹丛上。在水田里、溪流附近也可以看到。行动敏捷，性情温和。卵生。无毒。
食　　性	主要蛙类、鼠类、蜥蜴和鸟类等为食。

幼体

乌梢蛇

Ptyas dhumnades

濒危等级 低危（LC）

▲ 成体

▲ 成体

别　　名	过山刀、大眼蛇。
外观特征	大型蛇类，体长可达 2.2 m。身形幼细，头部及颈部有明显区别，头部及眼较大，瞳孔圆形。体色以橄榄色或黑色为主，背鳞成对排列，成龙骨结构突起，背部中央有一条黄色纵纹，两侧有黑色条纹。
生　　境	栖息于海拔 300~1600 m 的平原、丘陵和山区。常见于田野、林下、溪边、灌丛、草地等处，亦见于民宅周围。
习　　性	日间活动。爬行速度快，爬时头部会往上扬。对环境敏感，喜暖厌寒，喜静。卵生，可产 13~17 粒卵。无毒。
食　　性	主要蛙类、鼠类、蜥蜴等为食。

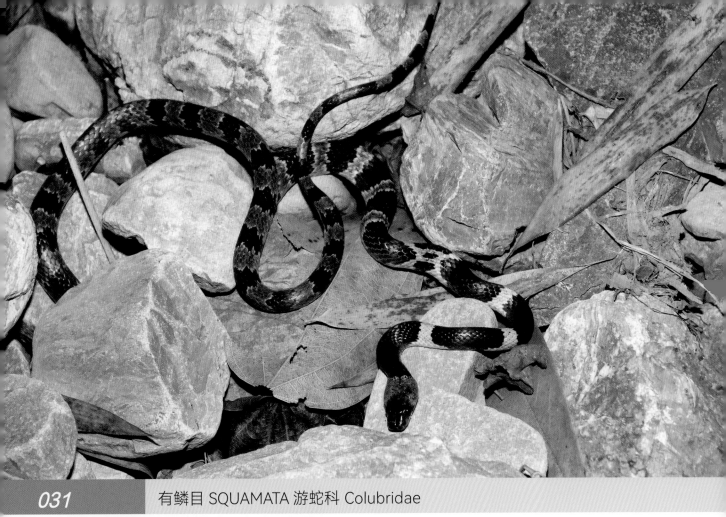

黑背白环蛇

Lycodon ruhstrati

濒危等级　低危（LC）

别　　名	黑背链蛇、白环蛇。
外观特征	体长可达 110 cm。体细长，头宽扁，头与颈区分明显，上唇白色，瞳孔圆形。体背黑色，自颈后到尾有许多波状横斑，前部横斑窄且间隔宽，后部横斑宽。腹面黄白色，中段以后散有黑色斑。模式产地在台湾。
生　　境	栖息于海拔 400~1000 m 的山区和丘陵地带。
习　　性	常在森林灌丛、草丛、田间、溪边、路旁活动。卵生。无毒，但性情凶猛。
食　　性	主要鸟类、蛙类、鼠类、蜥蜴等为食。

▲ 幼体

福清白环蛇

Lycodon futsingensis

濒危等级　低危（LC）

别　　名	福清链蛇。
外观特征	头部扁平，近似梯形，头与颈区分明显。躯干和尾背以黑色或者黑褐色为主，并有若干个杂有碎黑斑的不规则白环。腹后部的腹片黑褐色，腹鳞之间色浅。幼体的头部白色明显，但会随着成长逐渐消失。模式产地在福建福清。
生　　境	栖息于中低海拔常绿阔叶林区下落叶层和腐殖质较丰富的地方。
习　　性	夜行性。常被发现在树上或者岩石上活动。卵生。无毒，但性情凶猛。
食　　性	主要以壁虎、蜥蜴和其他小型蛇类等为食。

赤链蛇

Lycodon rufozonatum

濒危等级　低危（LC）

别　　名	红斑蛇。
外观特征	中型蛇类。体长可长达 1.6 m。头背黑色，鳞缘红色，枕部有一"∧"形的红色斑，腹面多为红褐色，体背上有红黑交错的环斑和斑块，总体呈现红黑相间。模式产地在浙江舟山群岛。
生　　境	多栖息于水田、溪流、池塘、森林、水沟中。
习　　性	夜行性。受到干扰时会从泄殖腔分泌恶臭物来驱赶天敌，必要时还会装死。无毒，性情温和。卵生。
食　　性	主要以蛙类、老鼠、鸟类、蟾蜍等为食，饥饿时也会吃同类。

黄链蛇

Lycodon flavozonatum

濒危等级　低危（LC）

别　　名	黄赤链、方印蛇。
外观特征	体长约 80 cm。体较细长，头宽扁，头与颈区略能区分。眼小，瞳孔椭圆形。头背、体背黑色，具有若干个黄色窄横斑，枕部有一"∧"形的黄斑，腹面灰白色，尾下鳞有黑色斑点。模式产地在福建崇安。
生　　境	栖息于山区森林、溪流、水沟草丛附近。其生活的海拔为 600~1100 m。偏树栖。
习　　性	喜欢安静、阴凉的环境。傍晚开始活动，晚上最为活跃，行动迅速，非常神经质。一些个体性情凶猛，比赤链蛇的攻击性还强。无毒。卵生。
食　　性	主要以蜥蜴、小蛇、爬行动物的卵为食。

紫灰山隐蛇

Oreocryptophis porphyraceus

濒危等级　低危（LC）

别　　　名	紫灰锦蛇、红竹蛇。
外观特征	体长约 100 cm。体色深且鲜艳。头部呈椭圆形，头背有 2 条黑色短纵纹。背面紫灰色或者紫铜色，自颈至尾有边缘深色的大横斑块。两边体侧各有 1 条黑色纵线纹。腹面淡紫色、淡棕色或与浅白色。
生　　　境	栖息于低海拔的山区林缘、路边、耕地、溪边及居民地附近。
习　　　性	夜行性。性情温和害羞。无毒。卵生。
食　　　性	食鼠类和小型哺乳动物，亦食蛙、蜥蜴和昆虫。

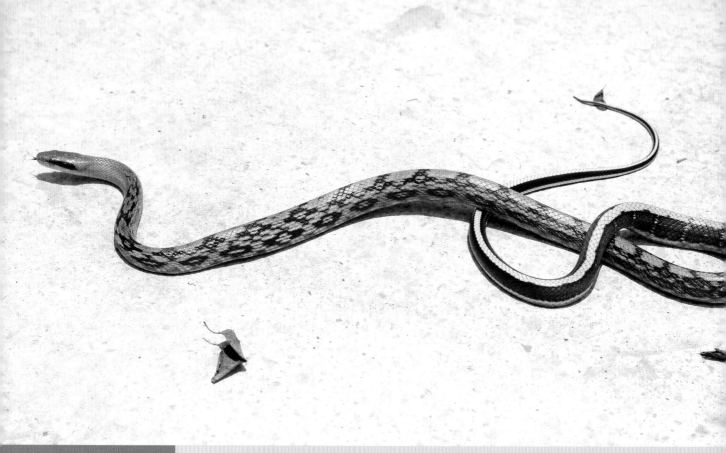

黑眉锦蛇

Elaphe taeniura

濒危等级 易危（VU）

别　　名	黑眉链蛇、秤星蛇。
外观特征	体长可达 150 cm。体灰色或黄绿色，眼后有一黑色短纵纹，体背前段有窄的如秤星般的黑色梯状横纹，体后部有 4 条黑色纵纹直达尾端，背鳞中央数行起棱。
生　　境	多栖息于平原、丘陵和山地，常在田野和住宅附近活动。
习　　性	善攀爬。受惊时即竖起头颈部作攻击姿势，并张开大嘴示威。无毒。卵生。
食　　性	主要以鼠类、蛙类、鸟类为食。

小知识　黑眉锦蛇的主要明显特征是眼后又 2 条明显的黑色斑纹延伸至颈部，状如黑眉，因此有"黑眉锦蛇"之称。

037 有鳞目 SQUAMATA 游蛇科 Colubridae

草腹链蛇

Amphiesma stolatuma

濒危等级 低危（LC）

小知识

有的地方把草腹链蛇称为“土地公蛇”，据传说它是土地公女儿的化身，农民一般都不会打死它。

别　　名　花浪蛇、黄头蛇。

外观特征　小型蛇类。体长约 100 cm。体色为灰褐色和黄褐色花纹交错，身体前半部有明显的黑色横纹，横纹两端各有一白色斑点。全身由链状花纹交织，体背有 2 条黄色的线纵贯到尾端。幼体的头和颈部红色，慢慢成长后逐渐变成黄色，最后变成灰褐色。

生　　境　栖息于平原、丘陵、山地、低海拔山区、河流、耕地及路边。

习　　性　日行性。常在路边或石头上晒太阳。性情温和，无毒。卵生。

食　　性　主要以蛙类、鱼类和昆虫为食。

038　有鳞目 SQUAMATA 游蛇科 Colubridae

▲ 幼蛇捕食蛙

▲ 被路杀

红脖颈槽蛇

Netrix subminiata

〔濒危等级〕低危（LC）

别　　名	红脖游蛇、扁脖子。	
外观特征	体长约 110 cm。全身橄榄绿色，颈部附近具红色斑块，腹部灰白色。幼蛇头部灰色，头颈区具黑色和黄色斑纹。	
生　　境	栖息于平原至低山丘陵，常在水田或湿地出现。	
习　　性	基本白天活动。受到惊吓时候颈脖膨扁，起到恐吓敌人的作用。有毒。	
食　　性	主要以蛙类为食。	

🦎 **小知识**　红脖颈槽蛇曾经被归为无毒蛇类，后重新评估归类为有毒蛇类，广西曾有例致死个案。

黄斑渔游蛇

Xenochrophis flavipunctatus

濒危等级　低危（LC）

外观特征	体长约 90 cm。体背橄榄绿色，体侧具黑色棋斑，腹部底色灰白色，每一腹鳞的基部黑色，形成黑白相间的横纹。
生　　境	常栖息于平原的水塘、水稻田、丘陵地带的溪流及周边。
习　　性	半水栖习性，擅长游泳。无毒腺，但唾液中含有有毒成分，人被咬后会轻微红肿及发痒。卵生。
食　　性	主要捕食鱼类、蛙类。

山溪后棱蛇

Opisthotropis latouchii

濒危等级 低危（LC）

别　　名	福建颈斑蛇。
外观特征	小型蛇类。体长 50 cm。头较小，扁平，与颈区分不明显，眼小。背面橄榄棕色、橄榄灰色、棕黄色或黑灰色，每 1 枚鳞片中央黄白色而鳞缝黑色，因此形成黄白色与黑色相间的纵纹；腹面淡黄色或灰白色无斑，尾下正中色深形成黑纵纹。模式产地在福建挂墩。
生　　境	栖息于海拔 400~1500 m 的山溪中，喜潜伏岩石、砂砾及腐烂植物下。
习　　性	夜行性。半水生，不能离开水生活。无毒。卵生，每产 2~4 枚。
食　　性	食蚯蚓、小鱼、甲壳类等。

环纹华游蛇

Trimerodytes aequifasciatus

濒危等级　低危（LC）

别　　名	水老蛇。
外观特征	体长 100 cm。头背棕黄色或灰绿色，全身具棕黑色粗大环纹。环纹镶黑色或黑褐色边，中央绿褐色。体部有 17~21 条环斑，尾部有 10~13 条环纹；腹部白色。模式产地为海南五指山。
生　　境	栖息于山区较为开阔的溪流及周边。
习　　性	白天喜欢趴在石头上或在溪边灌丛树枝上休息，一旦受到干扰，会马上窜入水中逃离。晚上比较活跃。无毒。卵生。
食　　性	主要以鱼类、蛙类等为食。

乌华游蛇

Trimerodytes percarinatus

濒危等级 低危（LC）

别 名	草赤链、乌游蛇。
外观特征	中型蛇类。体长约 100 cm。体背灰色，体尾有几十个环纹。体侧环纹清晰，一般呈"Y"形，环纹之间呈绯红色。
生 境	常栖息于山区溪流或水田内，生存海拔为 100~1646 m。
习 性	常见于溪流、稻田、池塘等水域附近。无毒，但防御性很高，被抓住时常咬人。卵生。
食 性	主要以鱼类、虾类、蛙类等为食。

四、哺乳纲（Mammalia）

哺乳动物是指脊椎动物亚门下哺乳纲的一类用肺呼吸空气的温血脊椎动物，因能通过乳腺分泌乳汁来给幼体哺乳而得名。

主要特征：

（1）高度发达的神经系统和感官，能协调复杂的机能活动，适应多变的环境条件。

（2）出现口腔咀嚼和消化，大大提高了对能量的摄取。

（3）高而恒定的体温（25~37℃），减少了对环境的依赖性。

（4）快速运动的能力。

（5）胎生（原兽亚纲除外），哺乳，保证了后代有较高的成活率。

臭鼩

Suncus murinus

濒危等级　低危（LC）

别　　　名　钱鼠、食虫鼠、褐臭鼩。

外观特征　体长约 20 cm，体重约 55 g。体型似家鼠，但四肢纤细，吻尖长，髭毛甚多。眼小，耳壳宽圆。尾粗壮，被短毛。通体烟灰色，背毛较深，体毛具银灰色光泽。体侧具一麝香腺，能分泌带奇臭气味的黄色黏液。

生　　　境　主要栖息于森林、田野以及家舍，是华南一带常见的家居动物之一。

习　　　性　夜间活动。受惊时释放分泌物以自卫。一年繁殖 2 次，每胎 2~7 仔。

食　　　性　主要以昆虫、蚯蚓、小鼠等为食。

灰麝鼩

Crocidura attenuata

濒危等级　低危（LC）

别　　　名	灰鼩鼱。
外观特征	为同属中的体型较大者，体长约 14 cm，体重约 20 g。吻尖长，髭毛短。尾被稀疏长毛。爪锐利。背毛棕灰色，腹毛淡灰色。冬季色泽稍淡。模式产地在四川宝兴。
生　　境	栖息于山区林地、荒野。
习　　性	夜间活动。善游泳，不冬眠。3~10 月繁殖，1 年繁殖 1~2 次，每胎 2~8 仔。
食　　性	以昆虫为主要食物，也食植物果实。

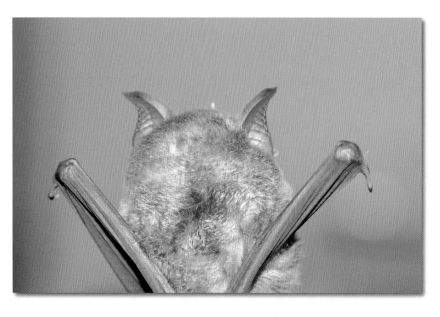

中菊头蝠

Rhinolophus affinis

濒危等级 低危（LC）

外观特征	体型中等。体长 4.3~6.6 cm，体重 14~18g。马蹄叶较大，鞍状叶提琴状，联接叶低而圆，顶叶成楔形。翼膜较延长，尾短。背毛棕褐色或灰褐色，腹部略浅。
生　境	栖息于潮湿的山洞或坑道中。集群，与其他蝠类同居一洞内，但各居一方，不相混杂。
习　性	夜间活动。11 月交配，翌年 6 月下旬产仔。
食　性	夜间觅食，主要以蚊类、蛾类等为食。

小菊头蝠

Rhinolophus pusillus

濒危等级 低危（LC）

别　　名	菲菊头蝠。
外观特征	小型菊头蝠。体长 3.5~4.4 cm，体重约 4 g。鞍状叶基部宽，顶部窄而呈三角形，两侧缘微凹入；联接叶侧面观呈尖三角形；马蹄叶钝而圆，具两颗小乳突。耳短。翼膜不甚延长。体背锈棕黄色，腹面棕褐色。
生　　境	栖息于低山山洞、坑道或居民点附近的洞穴内。多与其他蝠类共居。数量较少，1~5 头成一群，偶见 20 只大群。
习　　性	夜间活动。11月交配,翌年6月下旬产仔。
食　　性	夜间觅食，主要以蚊类、蛾类等为食。

大耳菊头蝠

Rhinolophus macrotis

濒危等级 低危（LC）

外观特征	体型较小。体长 3.2~4.1 cm，体重 4~5 g。耳特大。马蹄叶宽大，中间具明显缺刻，两侧各具一小附叶；鞍状叶基部扩大，顶端呈圆形，两侧缘平行；联接叶甚低、呈圆弧形；顶叶侧缘微凹，顶端钝圆，与鞍状叶等高。下唇具 3 条纵沟。通体呈暗灰色或灰褐色，腹部趋淡。
生　境	栖息于山洞中，常倒挂在洞口附近的岩石顶壁上。多与其他蝠类共居。分布于华东和西南地区。
习　性	昼间休息，夜间出来捕食飞行昆虫。
食　性	夜间觅食，主食蚊、蛾类。

中华菊头蝠

Rhinolophus sinicus

濒危等级　低危（LC）

外观特征	中等体型。体长 4.3~5.3 cm，体重 15~20 g。背侧的毛有两色，基部为棕色至白色，顶端 1/3 则为红棕色；腹侧的毛色较背侧浅淡。	
生　　境	栖息于低山山洞、居民点附近的洞穴内。数量较多，群体数量可由几只至数百只蝙蝠组成。	
习　　性	夜间活动。到了繁殖期，雄性和雌性会分别结群，雌性通常 3 岁后才繁殖。	
食　　性	捕食飞行中的昆虫，偶尔也捕捉树上或地上的猎物。	

 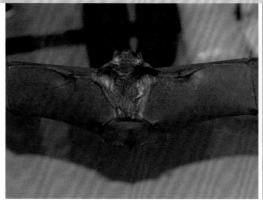 

大蹄蝠

Hipposideros armiger

濒危等级 低危（LC）

别　　名	大马蹄蝠。
外观特征	体型较大。体长 8~10 cm，体重 40~60 g。吻鼻部被复杂的鼻叶掩盖。马蹄叶大而宽，两侧各具 4 片小叶；鞍状叶横棍形；顶叶具 3 条纵棱。耳大，呈三角形。尾甚长。体被细密毛，背毛灰白色或灰褐色。腹面褐色或灰棕色。
生　　境	栖息于阴暗潮湿的山洞或坑道中。集群居住，大群达 200 只，小群 30~40 只。与其他蝠类共栖。分布于华东、华南和西南地区。
习　　性	夜间活动。11 月交配，翌年 6 月产仔。在产仔期和哺乳期，两性多分居，且母体腹部长出育儿带捆住幼仔，以保护幼仔免于滑脱。
食　　性	夜间外出觅食，主要捕食蛾类等昆虫。

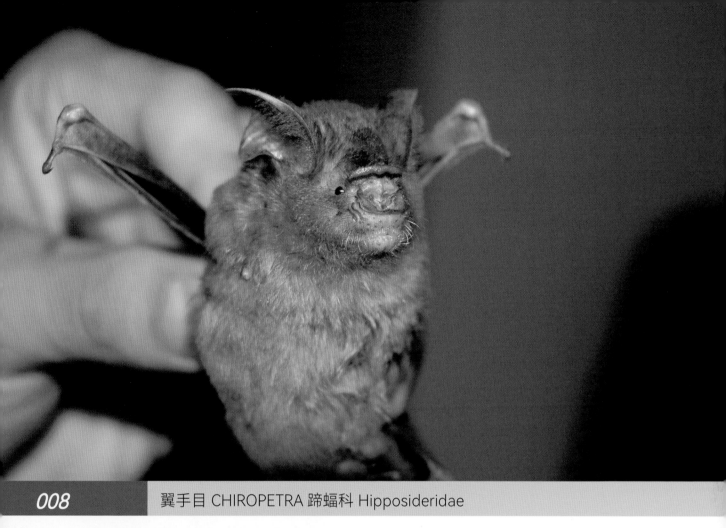

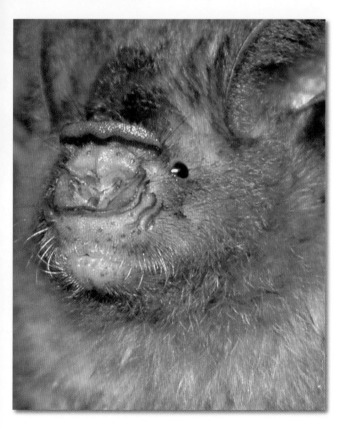

中蹄蝠

Hipposideros larvatus

濒危等级　低危（LC）

别　　　名　花面蹄蝠。

外观特征　体型中等。体长 6.5~7.2 cm，体重 17~23 g。
外形似马蹄蝠。鼻叶复杂，耳大，额部
具额腺囊。背毛棕褐色，腹面黄褐色。

生　　　境　栖息于各种类型的岩洞中，与其他蝠类
共居一洞。分布于云南、广西、海南。

习　　　性　活动于森林和居民区上空。深夜倒悬于
树上或天花板下休息。3 月群体中，雌
体占 2/3，多孕 1 胎。

食　　　性　夜间外出觅食，多捕食蛾类等昆虫。

小蹄蝠

Hipposideros pomona

濒危等级　濒危（EN）

别　　名　灰蹄蝠。

外观特征　体型较小。体长约 5 cm，体重 6.0~7.2 g。吻鼻部突出，马蹄叶发达，具小附叶片。耳大，呈三角形，无耳屏。尾短，几与后肢等长。距较长，约为股间膜后缘之半。

生　　境　栖息并繁殖在山洞中。群居、集中繁殖，但数量少。分布于香港、广西、广东。

习　　性　白天悬挂在湿度较高的溶洞或者废弃屋顶上，常与其他蝙蝠类共栖同一处。结群时彼此保持一定距离。

食　　性　夜间外出觅食，多捕食甲虫、飞蛾等昆虫。

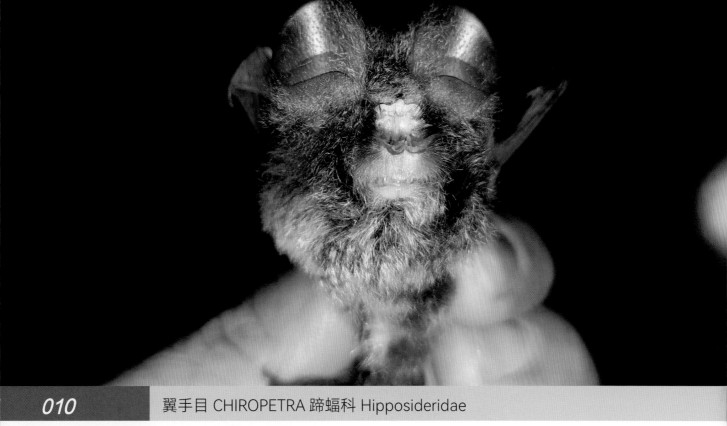

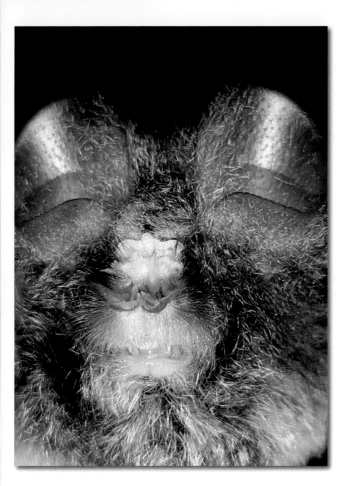

无尾蹄蝠

Coelops frithii

濒危等级　近危（NT）

外观特征　体型小。体长 36 cm，体重 38 g。鼻叶简单，仅具一马蹄叶和一不太明显的鞍状叶。耳大呈漏斗状。无尾，股间膜左右相连。吻短。体背赤褐色，腹面灰白色，毛基部大多乌黑色。

生　　境　栖息于热带季雨林的山洞中。集小群居住，多与其他蝠类共栖，数量少。分布于台湾、广东、广西、云南、四川、海南、福建等地。

习　　性　夜间外出觅食。

食　　性　捕食蛾类等昆虫。

华南水鼠耳蝠

Myotis laniger

濒危等级 低危（LC）

别　　名　绒鼠耳蝠。

外观特征　体型较小。体长 4.1~4.7 cm，体重 45 g。
　　　　　耳正常，耳壳后缘显凹形，耳屏狭长，
　　　　　前缘直，不向外弯曲。翼膜附着于足掌
　　　　　骨中央处。距甚长，仅有稀少灰白色短
　　　　　毛。后足大而发达。尾长几与体等长。
　　　　　体毛细软略带光泽。体背褐色、毛短，
　　　　　腹面灰黑色混杂灰白色。

生　　境　常栖息于有水生境中的洞穴、树洞、木
　　　　　制建筑物上。几十只集一群居住，也与
　　　　　其他蝠类共栖。

习　　性　白天休息。夜间在林缘、草地、水塘上
　　　　　空捕食昆虫。午夜返洞，凌晨又出来活
　　　　　动。6~7 月产 1 仔。

食　　性　捕食蛾类等昆虫。

长指鼠耳蝠

Myotis longipes

濒危等级   DD（数据不足）

外观特征   体型小。体长 3.6~4.9 cm，体重 5~10 g。耳椭圆形，两耳距较远，耳长约等于头长。翼膜宽大，止于踝部。股间膜外缘具栉状短毛，背腹面亦具短毛。尾尖。无距缘膜。体被短而密的毛。体背黑褐色，腹面灰褐色，尾基部灰白色。存在白化型。

生　境   栖息于潮湿的山洞和废坑道中。群居，每群可达上千只，常与其他蝠类共栖。

习　性   夜间活动。10 月交配，6 月产仔，母体间互育幼仔。冬眠。

食　性   以昆虫为食，嗜食蚊虫。

013 翼手目 CHIROPETRA 蝙蝠科 Vespertilionidae

东亚伏翼

Pipistrellus abramus

濒危等级 低危（LC）

别　　名　东亚家蝠、日本伏翼。

外观特征　体型较小。体长约 4.8 cm，耳短小，耳屏短宽，内缘凹，外缘凸而向前微 弯。翼膜发达，连至趾基。距缘膜较长，呈圆弧形。足细弱，趾短。尾长，末端伸出股间膜外。背毛棕褐色，腹部淡棕灰色。

生　　境　常与人类伴居。栖息于屋檐、天花板、门窗缝隙中。集群，一群 5~20 只。栖息地随食物而迁。

习　　性　傍晚活动。每年繁殖一次，每胎 2~3 仔。冬眠。

食　　性　以昆虫为食，主要食蚊和飞蛾。

小伏翼

Pipistrellus tenuis

濒危等级　低危（LC）

别　　　名	侏伏翼。
外观特征	体型甚小，体长约 4.2 cm，体重约 4 g。前臂长 3.1 cm，颅全长 1.2 cm。耳较大，顶端钝圆；耳屏不足耳长的 1/2。头骨纤细，脑颅较小，扁平。被毛较密，背毛为深褐色，毛尖棕色，腹部毛色较背部浅。
生　　　境	常与人类伴居。栖息于屋檐、天花板、门窗缝隙中。
习　　　性	傍晚活动。
食　　　性	以蚊、蛾等昆虫为食。

灰伏翼

Hypsugo pulveratus

濒危等级　低危（LC）

别　　　名　多尘油蝠、中华伏翼。

外观特征　体型较小。体长约 4.1 cm，体重约 4 g。
　　　　　　体背深褐色，后背部略染花白色，腹面
　　　　　　灰棕色。分布于陕西、四川、云南、江苏、
　　　　　　湖南、福建、广东、海南。

生　　　境　栖息于岩洞及人工建筑物之内。

习　　　性　傍晚活动。

食　　　性　以昆虫为食，主要食蚊和飞蛾。

褐扁颅蝠

Tylonycteris robustula

濒危等级 低危（LC）

小知识

因其头颅扁平而得名"褐扁颅蝠"。2014 年在广东封开黑石顶粉箪竹林发现褐扁颅蝠 10 只的小群落。

别　　名	托京褐扁颅蝠。
外观特征	体长约 4 cm，体重约 5 g。毛色深灰，背毛毛色较深，呈棕褐色，腹部毛色较浅，呈淡棕色，面部无特化鼻叶，鼻吻部较短。分布于广西、云南、广东、香港。模式产地在马来西亚的沙捞越。
生　　境	栖息于禾本的大型竹子的竹节洞内，距离人类比较近的环境，跟食物源中的蚊子有关。
习　　性	白天休息，傍晚活动。受到外界气味影响会有较长时间的理毛行为，能通过气味辨别生物体的种类，亲缘关系越远，理毛时间越长。
食　　性	主要以甲虫、苍蝇、蚊子和膜翅目昆虫等为食。

水甫管鼻蝠

Murina shuipuensis

濒危等级 DD（数据不足）

外观特征	森林性小型蝙蝠。体长约 4.5 cm，前臂长约 3.2 cm，体重约 5.3 g，鼻孔突出延长成短管状，分别朝向左右两侧，鼻部和颏部为黑色，面部其他部位颜色都较浅。耳小而圆且后段边缘具凹痕，耳屏尖长，耳廓后部具有米黄色毛。腹面颈部毛色为橘黄色，下腹部为灰白色。
生　　境	栖息于山地森林洞穴内。
习　　性	傍晚活动。
食　　性	以昆虫为食。

南长翼蝠

Miniopterus australis

濒危等级　低危（LC）

外观特征　体型较小。体长 4.4~5.3 cm，体重 7.1~9.8 g。前臂长 4.1~4.3 cm，头骨的吻突低而略宽，脑颅高、大而圆。耳短而宽，耳屏细长。翼膜狭长。毛短而密，毛被扩展到鼻子后方，背毛黑褐色，腹毛深棕色。

生　　境　多栖息于湿度较大的天然洞穴或废弃矿洞。常与其他蝠类共栖，混群的蝙蝠数量可多达 2000 多只。

习　　性　傍晚活动。有些南长翼蝠个体会出现局部（颈部）白化的现象。

食　　性　以昆虫为食。

小知识　2013 年，有研究学者在福建省三明市的天然洞穴里发现南长翼蝠，它们与其他另外 6 种蝙蝠共栖在洞内，总数量多达 2 千多只。

黄腹鼬

Mustela kathiah

（濒危等级）低危（LC）

别　　名	香茹狼、松狼。
外观特征	体型细长。体长 22~37 cm；体重 160~320 g。尾长，超过体长之半。体背毛呈栗褐色，腹毛自喉部经颈下至鼠蹊部及四肢肘部为沙黄色，且腹侧间分界线直而清晰。
生　　境	多栖息于山地森林、草丛、低山丘陵、农田及村庄附近。分布于四川、贵州、安徽、浙江、湖北、云南、福建、广西、广东、台湾。
习　　性	主要在清晨和夜间活动。性凶猛，行动敏捷。行走时，碎步搜索前进，会游泳。穴居，主要占用其他动物的洞为巢。
食　　性	食物以鼠类为主，亦食鱼、蛙和昆虫等。

黄鼬

Mustela sibirica

濒危等级 低危（LC）

别　　名　黄鼠狼、黄皮子。

外观特征　小型食肉类，小于家猫。两性异型，一般雄性体长 34~40 cm，体重 350~650 g；雌性体长 28~34 cm，体重 250~400 g。身体细长，四肢短，尾蓬松，尾长超过体长之半，通体棕黄色，上下唇白色，肛门腺发达。

生　　境　栖息环境极其广泛，常见于林缘、灌丛、沼泽、河谷、丘陵、平原等。

习　　性　多在晨昏活动。除繁殖期外，均单独栖居。善疾走，能匍匐前进。能游泳，善攀爬和钻洞穴。仅在繁殖期筑巢定居。每年 2~4 月繁殖期，每胎 3~7 仔。

食　　性　杂食性。捕食所能遇到的各种小型动物，主要以小型鼠类为食。

鼬獾

Melogale moschata

濒危等级 低危（LC）

 小知识

脸部呈黑褐色，由头顶经后颈至背中央有一白色带，额头至眼睛周围有明显的白毛，神似京剧人物之脸谱，故有"花脸狸"之别称。

别　　名　山狸、白猸。

外观特征　外形介于貂属和獾属之间，但体型细长而短小。体长31.5~41.7 cm，体重1~1.5 kg。通体毛色淡灰褐色或棕褐色。前额、眼后、颊和颈侧有不规则形状的白色斑纹，自头顶向后至脊背中央有一条连续不断的白色纵纹。

生　　境　栖息河谷及丘陵的森林、草丛中。穴居于石洞和石缝。

习　　性　善掘洞。臭腺发达，危险时会分泌恶臭味道驱赶敌人。每年3~5月繁殖期，每胎产2~4仔。

食　　性　杂食性。以蚯蚓、虾、蟹、昆虫、鱼和小型鼠类为主，亦食植物根茎和果实。

猪獾

Arctonyx collaris

濒危等级　易危（VU）

别　　名　沙獾、獾猪。

外观特征　体长 60~75 cm，体重 6.5~7.5 kg。体型
　　　　　及大小似狗獾，两者主要区别在于猪獾
　　　　　的鼻垫与上唇间裸露，鼻吻狭长而圆，
　　　　　酷似猪鼻。通体黑褐色，喉及尾白色。

生　　境　穴居于岩石裂缝、树洞和土洞中，亦侵
　　　　　占其他兽穴。

习　　性　夜行性。有冬眠习性。立春前后发情，
　　　　　孕期 120 天左右，每胎 2~4 仔。

食　　性　杂食性。以蚯蚓、虾、蟹、鱼、昆虫、
　　　　　小型鼠为主，亦食植物根茎和果实。

斑林狸

Prionodon pardicolor

濒危等级 低危（LC）

别　　名　斑灵狸、东方簇猫。

外观特征　体型较小。体长小于40 cm,体重约500 g。尾长,呈圆柱状,约为体长之3/4。体背具圆形斑或卵圆斑。黑色尾环为9~11个。4趾均有爪鞘。两性均无香腺。国家二级保护野生动物。

生　　境　多栖息于海拔200 m以下的阔叶林林缘灌丛、亚热带稀树灌丛或高草丛附近。分布于贵州、云南、广西、广东。

习　　性　夜行性。营地栖生活,亦上树捕食小鸟。每年4~5月产仔。

食　　性　以鼠类、蛙类、小鸟和昆虫等为食。

小知识

由于它喜欢爬到树上吃果实而得名"果子狸"。

果子狸

Paguma larvata

濒危等级 低危（LC）

别　　名　花面狸、白额灵猫。

外观特征　体型中等。体长 50~60 cm，体重 4~8 kg。体背棕黄色，腹部浅黄色，其余体毛为棕黑色；头中间有一白斑，从鼻端到后头有一条白色纵纹，眼睛大而突出，四肢较短，各具 5 趾，爪略具伸缩性。尾巴粗大，几乎与身体等长。

生　　境　常栖息于山岗的岩洞、石隙、土穴、树洞或密丛中。

习　　性　夜间活动，午夜前最活跃。善于攀援。营家族生活，公母幼仔同栖一穴。夏季产仔，每胎 2~4 仔。

食　　性　食性杂。多在树上活动和取食野果，也捕食小鸟、蚱蜢等昆虫。

食蟹獴

Herpestes urva

濒危等级　低危（LC）

别　　名　石獴、石獾。

外观特征　体躯稍粗壮。体长 30~50 cm，体重约
　　　　　2 kg。鼻吻尖，耳短，颈粗。自口角经颊、
　　　　　颈侧向后至肩部各有一条白色纵纹。体
　　　　　毛和尾毛甚粗长而蓬松，呈黑棕色，杂
　　　　　有黄白毛。

生　　境　栖息于山林沟谷及溪水两旁的密林中。
　　　　　洞栖。分布于云南、广西、广东、海南
　　　　　等地。

习　　性　昼行性。善游泳和潜水。常雌雄成对或
　　　　　携带幼仔外出活动。每胎 2~5 仔

食　　性　杂食性。捕食蛇、蟹类、蛙类、鸟类、
　　　　　昆虫等。

豹猫

Prionailurus bengalensis

濒危等级 低危（LC）

别　　名　狸猫、山狸子。

外观特征　体型大小似家猫，两眼内侧向额顶部具两条白色纵纹。体长 40~75 cm，尾长 22~40 cm，体重 2~3 kg。背部有不规则淡褐色斑点隐约成纵行排列。耳背面具淡黄色斑。全身毛色为棕灰色，尾尖端黑褐色。国家二级保护野生动物。

生　　境　栖息于山地林区，亦见于沿河灌丛和林区居民点附近。

习　　性　夜间和黄昏活动。善爬树和游水。独栖，但繁殖期间雌雄同栖。筑巢于河岸灌丛、岩石缝、大石块下或树洞中。5 月间产仔。每胎 2~3 只。

食　　性　杂食性。主要以鼠类、鸟类、兔、蛙、鱼、昆虫和果实等为食。

野猪

Sus scrofa

濒危等级 低危（LC）

别　　名　山猪。

外观特征　体重 140~200 kg，体长 100~120 cm。体型似家猪，但脸部较长，吻部较尖。四肢短，尾细长。雄性具
　　　　　发达的獠牙。体色变异大，一般是棕黑色或棕褐色，也有土黄色；腹面较背面毛色淡。幼猪躯体上具
　　　　　有浅色条纹，出生 6 个月后条纹逐渐消失。

生　　境　栖息于阔叶林、针阔混交林，也出没于林缘耕地。

习　　性　一般夜行性，但清晨和黄昏也会出来觅食。群居。秋末发情交配，翌年 4 月产 4~6 仔。

食　　性　杂食性。食植物枝条、蕨类、种子，也吃一些农作物和动物。

小麂

Muntiacus reevesi

濒危等级 低危（LC）

别　　名　山羌、黄麂、黄猄。

外观特征　体小。体重 10~15 kg，体长 73~87 cm。
上体棕黄色；额腺两侧有一条棕黑色条
纹；尾背毛与背部同色，尾腹及腹部白
色；四肢棕黑色。雄性有角，具獠牙。

生　　境　栖息于低山丘陵地区的灌丛。主要分布
于我国亚热带地区。

习　　性　7~8 月龄性成熟，全年繁殖，每胎多产
1 仔。

食　　性　植食性。主要以植物的枝叶、幼芽、花、
果实等为食。

中华鬣羚

Capricornis sumatraensis

 濒危等级 易危（VU）

别　　名	山驴、四不像。
外观特征	体型中等。体长可达 130~140 cm 以上。外形似家羊，雌雄均有角，角短而尖，角尖光滑，平行而呈弧形往后伸展；颈部有白色长鬣毛，四肢由赤褐色向下转为黄褐色。国家二级保护野生动物。
生　　境	栖息于低山丘陵到高山岩崖。活动于海拔 1000~1900 m 针阔叶林、针叶林或多岩石杂灌林。
习　　性	单独或小群生活。多在早晨和黄昏活动，性格胆小谨慎，行动敏捷。
食　　性	以各种嫩枝、树叶、菌类、薹草为食。

倭花鼠

Tamiops maritimus

濒危等级 低危（LC）

别　　名	倭松鼠。
外观特征	小型松鼠。体背毛短，呈橄榄灰色；腹毛淡黄色。侧面的亮条纹短而窄，呈暗褐白色，中间的两条亮条纹模糊，侧面一对较清楚，但不像明纹花松鼠那样明显，眼下面的灰白色条纹不与背上其他亮条纹相连。
生　　境	栖息于相对低海拔地区。
习　　性	一般在清晨或者黄昏活动。高度树栖性，能在树间作长时间跳跃。
食　　性	以各种嫩枝、地衣、树皮和昆虫等食。

　小知识　以前被列作隐纹花松鼠东南亚种 *Tamiops swinhoei*，现在重新认定为独立物种。该种区别于隐纹花松鼠的特征：体型更小，毛被较短而绒细，体背部橄榄色较浓，其内侧的淡色纹更接近于颈背部色调。

红腿长吻松鼠

Dremomys pyrrhomerus

濒危等级 低危（LC）

外观特征　体长 19~21 cm，尾长 13~15 cm，体重 240~295 g。股外侧、臀部至膝下具显著的锈红色。吻较长，似锥形。额顶、背毛及腿上部暗橄榄黑色，背中央色较深，体侧棕黄色；腹部淡黄白色。两颊及颈部橙棕色。耳后斑明显。尾背暗橄榄绿色，尾腹中线暗棕红色，尾基腹面及肛门周围带暗棕红色。

生　　境　栖息于亚热带海拔约 1000 m 的杂木林中。

习　　性　一般在清晨或者黄昏活动。半树栖种类，在树洞或石隙中筑巢。每年繁殖 2 次，每胎 2~4 只仔。

食　　性　食性杂。主要以摄食各种坚果如松果、栗以及浆果，亦食嫩枝、花芽及鸟卵、雏鸟和昆虫等。

赤腹松鼠

Callosciurus erythraeus

濒危等级　低危（LC）

外观特征　体长 19~25 cm，尾长 17~19 cm，体重 160~320 g。全身背面为橄榄黄色或浅棕黄色，中部色较深。整个
　　　　　腹面及四肢内侧均为栗红色。眼周具黄棕色眼圈。尾背面端部有不明显黄黑色环。

生　　境　栖息于山区林地、阔叶林、针叶林中。

习　　性　晨昏活动频繁、跳跃能力强。繁殖期为 3~10 月，每胎 1~5 只仔。

食　　性　以植物果实、种子、嫩叶为主食。

海南社鼠

Niviventer lotipes

濒危等级　低危（LC）

外观特征　海南社鼠为鼠科白腹鼠属的一种小型
　　　　　鼠。夏毛中刺状针毛较多，背毛棕褐色
　　　　　较深；冬毛中刺状针毛较少，背毛略显
　　　　　棕黄色。模式产地在海南那大。

生　　境　地栖性鼠类。主要栖息于丘陵树林、竹
　　　　　林、茅草丛、灌木丛或近田园、杂草间、
　　　　　山洞石隙、岩石缝和溪流水沟茅草中。

习　　性　善于攀爬，行动敏捷，多夜间活动。每
　　　　　年繁殖 3~4 胎，每胎 4~5 只仔。

食　　性　杂食性。喜欢吃植物的嫩叶、芽或地下
　　　　　茎等。对农作物破坏很大。

华南针毛鼠

Niviventer huang

濒危等级 低危（LC）

别　　名 拟刺毛鼠。

外观特征 华南针毛鼠为鼠科白腹鼠属的一种鼠。体长约 14 cm，体背棕黄色、赭黄色或赭褐色，并混杂有或多或少的刺毛。腹毛纯白色或略染米黄色。尾上面棕黑色，下面白色。

生　　境 栖息于洞穴或石隙中。栖息于山区及丘陵林地、灌丛、田间、石缝等处。

习　　性 昼夜均有活动，以夜间居多。多在 4~7 月繁殖，通常每胎 3~8 仔。

食　　性 植食性为主，包括野果、种子、幼苗、草根等，偶食少量昆虫。对林木和农作物破坏很大。

黑缘齿鼠

Rattus andamanensis

濒危等级   低危（LC）

别　　　名　印支林鼠、锡金家鼠。

外观特征　体长 13~19 cm，体重 125~155 g。毛被长而厚，体色主要为灰棕色，背面有深棕脊斑，腹部呈白色至米白色，上下皮毛有明显的边界。

生　　　境　栖息于次生林、灌木林和草原，但甚少进入市区。

习　　　性　夜行动物，日间留在栖息所。每胎 1~12 只仔。

食　　　性　杂食性。吃植物的叶、根、花、果实和种子，也吃昆虫和其他无脊椎小动物。

黄胸鼠

Rattus tanezumi

濒危等级　低危（LC）

外观特征　体型较褐家鼠瘦小。体长 13~15 cm，体重 75~200 g，体躯细长，尾长超过体长。耳长而薄，前折能盖住眼部。体背棕褐色，杂黑色，毛基深灰色。头骨较小，吻部较短。

生　境　原为树栖，后来迁居室内。多筑洞于屋顶上或墙角下。

习　性　多在夜晚活动。有季节性迁徙习惯，作物成熟季节常在田间活动。每年产三胎，每胎 4~9 只仔。

食　性　杂食性。

 小知识　黄胸鼠源起于欧洲，通过贸易途径进入中国。危害农作物，传播鼠疫，危害人类的健康。

银星竹鼠

Rhizomys pruinosus

濒危等级　低危（LC）

别　　名	花白竹鼠、毛竹鼠。
外观特征	较中华竹鼠大。体长约 34 cm，体重 2~2.5 kg。体背和体侧灰褐色，具较长的白色毛尖，尤似银星，故名"银星竹鼠"。吻短，眼小，耳隐于毛内。
生　　境	掘洞穴居，洞道不深，距地面 30~40 cm。分布于福建、广东、广西、云南、贵州、四川等地。
习　　性	夜晚或白天均活动，夜间活动较频繁。每胎可产 1~4 仔。
食　　性	植食性为主。危害为破坏植物，尤其破坏竹林，损坏竹笋。

中华竹鼠

Rhizomys sinensis

濒危等级　低危（LC）

外观特征	体长约 30 cm，体重 1~1.5 kg。吻钝圆，眼小，耳小，肢爪发达。成体背毛棕灰色，腹毛略浅于背色。
生　　境	主要栖息于海拔 1000~2500 m 的山间竹林中。掘洞穴居，洞深距地面 20~30 cm。分布于华东、华南、西南、陕西、湖北。
习　　性	多夜间活动，白天亦有活动。5~8 月均能发现幼仔，每胎 3~8 仔。
食　　性	主要以竹及竹笋为食。破坏竹林，损坏竹笋。

参考文献

[1] 刘阳，陈水华 . 中国鸟类观察手册 [M]. 长沙：湖南科学技术出版社，2021.

[2] 深圳观鸟协会，深圳市野生动植物保护管理处 . 深圳野生鸟类 [M]. 成都：四川大学出版社，2009 .

[3] 萧木吉 . 台湾山野之鸟 [M]. 台北市：北市野鸟学会，2015.

[4] 萧木吉 . 台湾水边之鸟 [M]. 台北市：北市野鸟学会，2015.

[5] 黄志雄，梁亦淦，周宏 . 广东乐昌鸟类图鉴 [M]. 广州：广东科技出版社，2019.

[6] 徐讯，黄宝平，周行 . 深圳常见野生动物观察手册 [M]. 北京：科学出版社，2019.

[7] 米红旭，符惠全 . 海南鹦哥岭两栖及爬行动物 [M]. 海口：南海出版社，2019.

[8] 熊欣，张亮 . 南岭自然观察手 [M]. 广州：广东科技出版社，2015 .

[9] 刘明玉 . 中国脊椎动物大全 [M]. 沈阳：辽宁大学出版社，2000.

中文名索引

致谢

部分作者名单，特此致谢。（排名不分先后顺序）

陆千乐	莫海波	程艳丽	蒋春林	崔文浩	丁向运	叶友谊	肖辉跃	陈接磷
朱滨清	张 亮	魏懿鑫	吴振华	刘昭宇	岑 鹏	丘英翔	BX	庄礼凤
长 天	周 哲	柯晓聪	大黄蜂	JOE	伍志萍	罗荣江	PICA	曾开心
芳 姐	李涟漪	世 桂	乐 少	梅 花	健 豪	何 尝	娟 子	扫白云
伍画眉	广东紫金白溪省级自然保护区							